HUIT LEÇONS

AGRICULTURE

DE LA

CHIMIE AGRICOLE

DE LA

FORMATION DES TERRES ARABLES

ET DES

EAUX QUI COMPOSENT LA CROUTE TERRESTRE, ETC.

Professées au collége de Fougères

PAR A. DAUVERNÉ

Cultivateur-Propriétaire à La Rochelette

Avec Développement de chaque Leçon sous forme de Questionnaire
Pour aider les Cultivateurs,
les gens du monde, les Élèves des Colléges et des Lycées
dans l'étude des sciences appliquées à l'Agriculture

A FOUGÈRES

CHEZ BREHIER, LIBRAIRE

CHEZ L'AUTEUR

ROCHELETTE, commune de Lécousse, par Fougères (Ille-et-Vilaine)

ET CHEZ LES PRINCIPAUX LIBRAIRES DE RENNES

1871

HUIT LEÇONS

D'AGRICULTURE, DE CHIMIE AGRICOLE

DE LA FORMATION DES TERRES ARABLES

ET DES MATÉRIAUX QUI COMPOSENT LA CROUTE TERRESTRE, ETC.

Professées au collége de Fougères

PAR A. DAUVERNÉ

Cultivateur-Propriétaire à La Rochelette

Officier d'Académie.

———

Un petit volume in-18 de 195 pages, chez BREHIER, libraire, à Fougères
(Ille-et-Vilaine). — Prix : 1 fr. 25 c.

———

C'est ici l'œuvre d'un homme instruit, pratique, ami du progrès et de
son pays, convaincu que l'instruction, le savoir en toutes choses, peuvent
seuls le relever de ses désastres et de ses humiliations. Animé de ces
louables convictions, il s'est spontanément dévoué en mettant ses connaissances et son expérience au service de ses concitoyens par la fonda-
tion d'un cours public et gratuit au collége le plus près de son exploitation, où se trouvait toujours la confirmation du précepte. De là l'origine
de ce livre, où sont condensées les premières leçons. Leur succès sur
les lieux était un encouragement, presque une incitation, à les propager
partout par la publicité. L'accueil qui leur sera fait décidera de la publication des suivantes.

L'ignorance, il faut bien le reconnaître, est encore aujourd'hui le plus
grand ennemi de nos populations agricoles, c'est-à-dire de la France
dont elles forment la majorité. Elles se laissent ainsi aller à la routine

et aux préjugés ; le progrès ne s'implante parmi elles que par l'évidence de l'intérêt, du bénéfice, du gain. Comme si, *à priori*, le bon sens n'indiquait pas que l'on fait d'autant mieux une chose quelconque, que l'on en connaît, que l'on en raisonne tous les éléments, les conditions d'exécution, et que la rémunération, le profit, sont toujours proportionnés à la valeur de cette exécution. Plus que tout autre, le cultivateur, le laboureur devrait être convaincu de cette vérité qui, pour lui surtout, est absolue, car elle se réalise sans cesse sous ses yeux. Pour lui, en effet, il n'y a ni chance, ni bonheur, ni hasard, pas plus que d'influence, de protection ou de favoritisme, contrairement à tant d'autres professions où l'avancement dépend plus du caractère que du vrai savoir. Ici, tout en dépend exclusivement. Une saison favorable s'étend à toute une contrée, un pays, de même que les intempéries qui viennent le ravager. En somme, le succès, la prospérité, sont toujours pour celui qui cultive le mieux, c'est-à-dire avec le plus d'intelligence : car son rendement est toujours supérieur à celui qui cultive mal ou insuffisamment. La preuve en est dans le revenu bien supérieur que les cultivateurs retirent aujourd'hui de leurs terres comparativement à celui de leurs ancêtres, il y a seulement 40 ans, et du bien-être qui en est la conséquence pour eux. Que serait-ce si, convaincus de la nécessité de mieux savoir, ils se préoccupaient davantage des moyens de s'instruire, afin de retirer un meilleur produit de leur exploitation.

En leur présentant cet ouvrage, nous leur répéterons l'allocution que M. Dauverné adressait à ses élèves en commençant son cours : « Vous pourrez encore vous croire trop instruits pour rester agriculteurs, mais soyez persuadés que cette noble profession demande une instruction étendue et variée, qui embrasse principalement les sciences de la chimie, de la botanique, de la minéralogie, de la mécanique, etc., etc., et, en dernier lieu, l'agriculture proprement dite. Alors, quoi que vous fassiez, vous serez bien obligés de reconnaître que la vaste étendue de ces sciences vous empêchera de les posséder toutes et que jamais vous n'en saurez assez pour être agriculteurs. »

Puis il leur recommande l'ordre qui doit régner dans une exploitation ; la comptabilité, l'économie, la propreté et l'entretien du matériel. Et après ces conseils, il entre en matière par la description des éléments de l'air et de l'eau, et leur action dans la formation des terres arables et des principales roches qui entrent dans leur composition. Puis il expose la classification de ces terres arables suivant les éléments qui les constituent et montre comment on peut les améliorer en y mélangeant d'autres matériaux qui les modifient en leur servant d'engrais.

Tout cela est dit simplement, sous forme d'entretiens familiers, dans un style net et concis, de manière à être compris du cultivateur le moins lettré qui pourra ainsi se rendre compte et expliquer des phénomènes naturels qui se passent chaque jour sous ses yeux et qui sont encore des mystères pour le grand nombre.

Un questionnaire par demandes et par réponses, placé à la fin de chaque leçon et la développant par des applications usuelles, journalières à l'agriculture, facilite surtout l'intelligence de ces matières scientifiques et les fait mieux comprendre. En agriculteur pratique, l'auteur a surtout émaillé ce questionnaire d'exemples frappants, de recettes utiles qui en forment l'attrait pour le plus simple et modeste laboureur.

Ce petit livre mérite d'être couronné de succès; on ne saurait mieux reconnaître le dévoûment ardent et désintéressé de son auteur. Son prix modique dit assez qu'il n'en doit retirer aucun bénéfice. L'utilité et le bien-être qu'en retireront les autres sera toute sa récompense. Il offre ainsi un grand exemple de désintéressement à imiter partout pour la propagation, la diffusion des connaissances utiles. On incitera ainsi les ignorants à en profiter. Ce n'est qu'en se dévouant par tous les moyens et en répandant les lumières à profusion que les hommes favorisés de l'instruction, de la naissance ou de la fortune dissiperont les animosités, les jalousies, sinon les haines, que nourrissent contre la société ceux qui sont dépourvus de ces avantages. Éclairés et touchés par ces témoignages de dévoûment, se substituant à l'égoïsme qui règne généralement, ils déposeront leurs rancunes et se soumettront mieux à leurs devoirs. C'est aux hommes instruits à prendre l'initiative et à les enseigner.

P. Garnier.

(Extrait de la Santé Publique, journal d'hygiène et de médecine populaires, d'agriculture et de vétérinaire, avec un bulletin sanitaire de Paris, les départements et l'étranger dans chaque numéro, paraissant les 1er et 15 de chaque mois à Paris, rue Garancière, 5).

ABONNEMENT : 3 FRANCS PAR AN.

PARIS. — IMP. VICTOR GOUPY, 5, RUE GARANCIÈRE.

HUIT LEÇONS

D'AGRICULTURE

—

RENNES. — IMPRIMERIE T. HAUVESPRE.

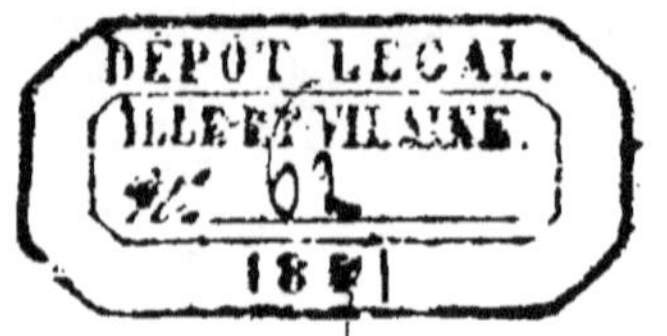

HUIT LEÇONS

D'AGRICULTURE

DE

CHIMIE AGRICOLE

DE LA

FORMATION DES TERRES ARABLES

ET DES

MATÉRIAUX QUI COMPOSENT LA CROUTE TERRESTRE, ETC.

Professées au collége de Fougères

PAR A. DAUVERNÉ

Cultivateur-Propriétaire à La Rochelette

Suivies d'un Développement de chaque Leçon sous forme de Questionnaire
Pour aider les Cultivateurs,
Les gens du monde, les Élèves des Colléges et des Lycées
Dans l'étude des sciences appliquées à l'Agriculture.

A FOUGÈRES

CHEZ BREHIER, LIBRAIRE

CHEZ L'AUTEUR

A LA ROCHELETTE, commune de Lecousse, par Fougères (Ille-et-Vilaine)

ET CHEZ LES PRINCIPAUX LIBRAIRES DE RENNES

1871

PRÆ FACTO

Avant d'entreprendre la continuation de cet ouvrage dont le manuscrit est au complet, nous désirons voir l'accueil qu'il recevra du public, c'est le seul motif qui nous engage à borner la publication actuelle aux huit premières leçons de notre enseignement agricole de 1870.

Cette première partie qui est sans contester la plus aride, mais la plus attrayante, dont nous donnons un résumé sommaire, ne sera livrée à l'impression qu'avec l'assentiment général des lecteurs.

Cette seconde partie comprend les engrais, et à quelles sources les plantes puisent les matériaux qui constituent leur nature organique ; les ferments, et quel rôle ils jouent dans la fermentation des fumiers, leçon qui a paru pleine d'intérêt à nos jeunes amis et que nous avons traitée avec un soin tout particulier dans les différentes phases de la catalyse (ou fermentation aqueuse), gazeuse, acide et putride.

Le fumier de ferme, les traitements irration-
nels qu'il subit dans un si grand nombre d'exploitation de notre contrée et les pertes qui en
découlent, n'ont point été oubliés, ainsi que les
immenses avantages de l'emploi et du traitement
des engrais liquides et les moyens pratiques de
les utiliser avec fruit. Quelques-uns de ces moyens
pratiques ayant été créés par nous, pour notre
usage personnel, ont été déjà publiés dans les
revues agricoles de M. Barral, ils sont donc un
fait acquis pour l'agriculture.

Après les engrais de la ferme et celui trop
souvent gaspillé des villes, nous avons traité
les engrais chimiques comme complément des
cultures bien entendues et de l'appoint qu'ils
doivent apporter au sol pour compenser la vente
des produits, faite au marché.

Une seule leçon a été consacrée à l'étude de
l'anatomie des plantes, de leurs fonctions vitales
et de leur production.

Les maladies des blés et les moyens curatifs
ont été l'objet d'une étude sérieuse, et quelques
notions sur l'histoire naturelle des céréales viennent ensuite compléter ces leçons.

En un mot, le cours d'agriculture, fait au collége de Fougères, a été aussi complet que possi-

ble pendant l'année scolaire 1870-1871, et nous le disons avec une conviction profonde pour l'avenir prospère de notre belle France, l'instruction agricole aura une grande part dans sa résurrection.

A VOUS DONC, MESSIEURS

DURUY, MALAGUTI, DE DALMAS, CÉSAR DE LA BELINAYE & DE PENENPRAT ;

à vous, qui m'avez aidé de votre appui moral dans l'œuvre d'instruction agricole que j'ai fondée au collége de Fougères, à vous tous ma reconnaissance ; à vous aussi, Messieurs, j'ose dédier la première partie du résumé de mon enseignement. Jugez-le! Jugez-le même sévèrement! tout en me tenant compte de mon laborieux travail et du bien que j'ai essayé de faire.

A. DAUVERNÉ.

La Rochelette, commune de Lecousse, le 26 juillet 1871

PREMIÈRE LEÇON

Conseils. — De l'ordre qui doit régner dans une exploitation rurale. — Comptabilité. — De l'économie rurale. — Propreté et entretien du matériel. — De l'obéissance. — Dernier conseil. — Une théorie géologique.

MESSIEURS,

Nous devons, dans cette première leçon, faire comprendre les avantages de la vie des champs, et mettre les élèves en garde contre l'entraînement général qui tend à nous porter vers le séjour des villes : ce qui présente par trop souvent des déceptions. Ces déceptions peuvent mener bien loin du but que nous avons rêvé, et souvent la misère est au bout de ce beau rêve.

Vous pourrez encore vous croire trop instruits pour rester agriculteurs, mais soyez persuadés que cette noble profession demande une instruction étendue et variée, qui embrasse principalement les sciences de la chimie, de la botanique, de la minéralogie, de la mécanique, etc., etc... et, en dernier lieu, l'agriculture proprement dite. Alors, quoi que vous fassiez, vous serez bien obligés de reconnaître que la vaste étendue de ces sciences vous empêchera de les posséder toutes et que vous n'en saurez jamais assez pour être agriculteurs.

Restez donc à la campagne ; c'est là qu'est le bonheur de la vie honorable et paisible, instruisez-vous chaque jour davantage : plus vous serez instruits, plus vous reconnaîtrez que vous n'en savez pas assez.

Pour dernier conseil, restez à la campagne, car actuellement la fièvre de la spéculation des villes fait chaque jour des victimes, et n'allez pas augmenter le nombre de ces demi-savants, qui finissent pour la plupart à l'hôpital.

De l'ordre qui doit régner dans une exploitation rurale. — L'ordre est une chose tellement essentielle dans une exploitation rurale, que je ne saurais trop insister sur ce point. Sans ordre, comment voulez-vous que la division du travail soit réglée avec fruit. Appliquez-vous donc à maintenir un ordre parfait dans les exploitations que vous serez appelés plus tard à diriger ; suivez en cela la route que vous trace l'industrie, car dans les ateliers industriels, l'ordre règne en maître absolu, tandis que dans nos exploitations qui sont aussi des ateliers, une grande négligence se fait souvent sentir. L'ordre consiste à ce que chaque objet soit à sa place habituelle, que chaque outil soit rentré le soir après le travail, que chaque ouvrier ou domestique ait son travail tracé sans hésitation de la part du maître et que la surveillance soit active.

Avec l'ordre vous aurez des bénéfices, sans ordre vous n'aurez que de la perte ; et un cultivateur riche et puissant, au nombreux personnel, l'avait tellement bien senti, qu'il fit faire des râteliers et des cases à chacun de ses ouvriers pour y ramasser leurs outils en rentrant du travail ; il augmenta de dix centimes par semaine le salaire des ouvriers exacts à remettre chaque soir les outils en place et par numéros d'ordre, et retrancha dix centimes aux négligents. Il reconnut par ses écritures de fin d'année qu'il avait gagné la somme de quatre-vingts francs sur les frais de réparation d'outillages ainsi soignés, tandis qu'antérieurement à cette mesure, il y avait souvent des outils de perdus, comme aussi perte de temps pour retrouver un outil égaré. J'insiste donc sur l'ordre parfait dans l'intérieur comme à l'extérieur de la ferme.

Comptabilité. — Il est de toute nécessité que la comptabilité agricole soit tenue avec un soin extrême, car sans comptabilité, il n'est pas possible de se rendre compte si l'on éprouve une perte ou un gain au bout de l'année. Du reste, j'espère revenir sur ce sujet qui a une si haute importance.

De l'économie rurale. — Pour l'économie, vous en sentirez vous-mêmes le besoin, mais souvenez-vous que l'homme peut tout utiliser à son profit, que rien n'est inutile ici-bas ; il ne faut que de l'intelligence pour faire tourner en bénéfices les choses qui paraîtraient à un esprit superficiel, ou inutiles, ou nuisibles, et j'espère vous démontrer la vérité de ce conseil, lorsque nous parlerons des pertes faites chaque jour dans nos campagnes et dans nos villes, de matières fertilisantes, qui, par faute d'instruction d'abord et insouciance ensuite, sont non-seulement perdues par l'agriculture, mais encore deviennent nuisibles à la santé.

Propreté et entretien du matériel. — Après avoir conseillé l'ordre et l'économie, j'ai à vous recommander la propreté et l'entretien de votre matériel. Vous verrez aussi par expérience, que ce conseil a une importance que vous ne soupçonneriez point, si je n'entrais dans quelques explications. Mettez en parallèle deux cultivateurs, le premier qui aura soin de ses outils agricoles, qui fera donner tous les ans une couche de peintures à ses charrettes, qui barbouillera de coaltar (1) ses barrières

____

(1) Coaltar, *goudron de houille*, produit des usines à gaz d'éclairage, dont le prix est presque nul ; on s'en sert pour garantir le bois de la pourriture.

et chartis de voitures, qui entretiendra ses harnais, enfin, prendra toutes les autres précautions de conservation de son matériel ; et le deuxième cultivateur qui, vivant dans l'insouciance, laissera ses outils à la pluie, au soleil, croira faire un travail inutile en soignant son matériel : alors, comparez la comptabilité de ces deux hommes et vous verrez quelle différence de dépense et d'entretien il y aura entre les deux. Comme le disait à propos un ministre de l'agriculture : *Du soin! toujours du soin et encore du soin!*

De l'obéissance. — Sachez obéir pendant que vous êtes jeunes, pour plus tard savoir commander, lorsque vous serez à la tête de cette exploitation agricole qui, bien gérée, vous procurera jouissances, honneur et profit.

Dernier conseil. — N'allez pas vous effrayer tout d'abord de ces grands mots employés dans la science de la chimie appliquée à l'agriculture, d'*ammoniaque*, d'*oxygène*, d'*hydrogène, etc*... Dans le cours de ces leçons, des notes explicatives, sous forme de questionnaire, vous rendront ce travail facile, et vous familiariseront bien vite avec ce langage qui dans quelques jours d'étude vous paraîtra attrayant, lorsque vous en aurez la clef.

Une théorie géologique (1). — Le globe terrestre

(1) Deux théories géologiques ont cherché à expliquer la formation du globe ; l'une par l'eau, l'autre par le feu. La pre-

que nous habitons était, dans ses premiers âges, un globe de feu, le cahos existait, toutes ses matières étaient pêle-mêle en fusion, les roches étaient liquefiées, en un mot c'était une immense fournaise qui voguait dans l'espace et faisait sans doute sa révolution et sa rotation comme de nos jours.

Il est facile de concevoir que cette masse de feu lançait continuellement dans l'espace (je ne dis pas dans l'atmosphère, puisque le jour ni l'atmosphère n'existaient pas encore) une immense quantité de gaz, de fumée, de vapeurs, et répandait autour d'elle une chaleur tellement intense que l'imagination s'effraie de vouloir l'apprécier. Ces gaz s'élevaient, dans l'espace non encore éclairci, à des distances prodigieuses, et entretenus à l'état gazeux par la chaleur incandescente du foyer, s'accumulaient en quantités prodigieuses. Combien de temps cet état de chose dura-t-il? Aucun savant ne peut le préciser, des siècles sans doute ne suffirent pas.

Les gaz montant toujours et s'éloignant par conséquent du foyer incandescent, finirent par devenir plus denses ; l'électricité et les gaz s'accumulèrent aussi hors du foyer incandescent, que l'on peut

mière s'appelle la théorie des neptuniens, la seconde des plutonniens. Constatons aussi une troisième théorie de la formation des globes qui se meuvent dans l'espace de l'infini, c'est la théorie des nébuleuses; j'ai choisi, tout en la traçant à grands traits, celle qui m'a paru la plus rationnelle.

évaluer à une distance de près de cent lieues. Alors qu'arriva-t-il ? Probablement, c'est que ces gaz, cette fumée, se refroidirent par la succession des siècles, et formèrent de la vapeur ; alors cette immense quantité de vapeur se mit à retomber en eau. C'est alors que l'imagination s'effraie d'un pareil bouleversement : l'eau tombait par torrents sur cette fournaise de feu, l'électricité formait les éclairs, le tonnerre grondait, grondait sans cesse, et les décharges électriques venaient ajouter au tableau de la formation du globe. De même que si l'on jette un verre d'eau sur un charbon enflammé on l'éteint (1), de même ces masses d'eau, tombant et tombant sans cesse sur le globe en feu, finirent après une succession de siècles, que nul ne peut préciser, par éteindre cette masse en fusion. Alors, un croûte légère d'abord, ensuite plus épaisse, entoura cette boule de feu comme la coquille d'un œuf entoure la partie liquide.

C'est alors que l'eau tombant et tombant sans cesse au milieu de ce bouleversement effrayant d'éclairs et de tonnerres, forma les mers.

Par le refroidissement, les matières en fusion for-

(1) Ce n'est pas toujours vrai. Prenons pour exemple le forgeron qui active son feu avec de l'eau ; par la chaleur du foyer l'eau se trouve décomposée, et l'oxygène que contient l'eau vient activer la combustion. Il dut en être de même des premiers torrents qui tombèrent sur le globe en fusion.

mèrent les roches, dont la composition varia selon aussi les matières liquéfiées qui les composaient.

Ces roches laissèrent voir leurs pointes sur quelques parties de la surface du globe, c'est alors que les terrains *Permiens* furent formés, car les mers étaient en possession presque complète de sa surface. Ce fut sans doute à cette époque que se forma l'atmosphère qui entoure notre globe, que le jour se fit comme disent les Ecritures : *Fiat lux.*

Ces mers provenant, comme je l'ai dit d'abord, de gaz condensés, se chargèrent de bicarbonate de chaux et de bicarbonate de magnésie, comme la suite va l'expliquer.

L'écorce solide du globe éprouvait dans ces premiers âges de fréquentes dislocations, des secousses et des déchirements, alors c'était de véritables fleuves de granit liquéfié qui coulait à la surface du globe, sortant du noyau incandescent par ses énormes fissures, il s'en échappait aussi des eaux bouillantes tenant en dissolution du bicarbonate de chaux mêlé quelquefois de bicarbonate de magnésie ; de véritables fleuves calcaires jaillissaient ainsi de l'intérieur du globe, ce grand et inépuisable réservoir qui a fourni tout ce que la surface de la terre présente à nos regards.

Comme la mer couvrait alors presque toute l'étendue de la sphère terrestre, ces fleuves d'eau bouillante calcaire se déchargeaient nécessairement dans ses ondes ; c'est ainsi que les mers primitivement dépourvues de composés calcaires, furent chargées de sels de chaux à partir des époques siluriennes et devoniennes.

C'est par la même raison que les terrains formés plus tard par les dépôts de ces mers ont présenté, à partir de cette période, beaucoup de carbonate de chaux. Les mêmes phénomènes continuent à se produire après la période devonienne, les terrains calcaires augmentent en nombre et en importance dans la suite des âges géologiques.

Pendant la période Jurassique et Crétacée, ces dépôts couvrent, sur la terre entière, des espaces immenses et forment des terrains d'une épaisseur de plusieurs centaines de mètres.

Mais comment la chaux, dissoute à l'état de bicarbonate dans ces eaux brûlantes venues de l'intérieur de la terre, a-t-elle fini par composer des terrains : c'est ce qui me reste à préciser avec exactitude.

Pendant les temps géologiques, la mer couvrait la surface presqu'entière du globe, les sources brûlantes chargées de sels calcaires se déchargeaient nécessairement au milieu de ses eaux et se réunissaient aux flots de l'immense océan primordial ; les eaux de la mer devinrent ainsi sensiblement calcaires, elles contenaient, on peut le croire, 1 à 2 % de chaux.

1*

Les nombreux animaux qui vivaient dans les mers anciennes, en particulier les zoophytes, ainsi que les mollusques à coquilles solides, s'emparèrent de cette chaux, l'élaborèrent, si je puis m'exprimer ainsi, pour former leur enveloppe minérale dans ce milieu, liquide, sensiblement calcaire ; les foramifères, les polypes, les rudistes pullulaient et formaient d'innombrables populations.

Que devenait après leur mort le corps de ces animaux grands et petits, mais ordinairement d'une petitesse microscopique, qui tous, dans ce grand laboratoire, élaboraient, s'appropriaient le carbonate de chaux pour en former leurs coquilles? La matière animale destructible disparaissait au sein de l'eau par la putréfaction ; il ne restait que la matière organique indestructible, c'est-à-dire le carbonate de chaux, formant la coquille ou le test de leur enveloppe.

Ces dépôts calcaires s'accumulaient en épaisses couches sur le bassin des mers, ils s'agglutinaient bientôt en une masse unique et formaient un lit continu au fond des eaux. Ces couches se superposant, augmentant par la succession des siècles, ont fini par s'élever et constituer les terrains au-dessus de la surface des eaux. Ce sont nos terrains calcaires actuels en Ille-et-Vilaine, de Feins, de Gahard, de Médréac, de Dingé, de la Chausserie près Rennes, de Bruz et de Saint-Grégoire.

Ces sablons calcaires, comme on le voit, ne peuvent contenir que du carbonate de chaux, puisque les animaux de cette époque géologique n'étant pas encore conformés d'os, ne pouvaient fournir le phosphate, qui se trouve plus tard dans les débris des animaux de la seconde période de laquelle je vais dire quelques mots.

La terre était donc préparée, comme je l'ai expliqué, par sa première formation à recevoir des animaux plus complets et mieux conformés que les zoophytes, les mollusques, etc., etc... C'est alors que les *sauriens* furent créés; ces habitants des mers et des terrains de nouvelle formation ressemblaient par leur forme aux lézards actuels : leur longueur était de trois à quatre mètres; leur énorme gueule était armée de dents crochues qui faisaient la chasse aux poissons, aux mollusques, et à cette innombrable quantité d'animaux habitant les mers. Sur les terrains, que les eaux avaient abandonnés, poussaient des fougères gigantesques. Ces fougères, par leur destruction successive, venaient de siècle en siècle augmenter la croûte terrestre ; alors des arbres qui ne ressemblaient point aux arbres de nos jours s'élevèrent sur ces nouvelles couches de terre, les herbes et les plantes eurent alors où végéter.

C'est alors que les animaux se perfectionnèrent dans leur formation, on voit les mammifères apparaître ; et, comme la chaleur était égale partout, au pôle comme à l'équateur, on retrouve les restes d'animaux des premiers âges sur toute la surface du globe. Comme ce n'est point un cours de géologie mais un cours d'agriculture, je ne vous parlerai pas des animaux antédiluviens.

Les âges se succédèrent encore les uns aux autres et les débris des plantes accumulées de siècle en siècle formèrent de nouvelles couches de terre. C'est alors aussi sans doute que la terre, l'atmosphère, en un mot tous les éléments que nous tâcherons d'étudier dans ces leçons, étant en état de recevoir un être plus perfectionné, vit l'homme apparaître à sa surface, et il est probable qu'un être encore plus perfectionné viendra succéder à l'homme, qui n'aura, comme disent les Ecritures, qu'un passage sur la terre : ce qui en prouverait la vérité, c'est que d'âge en âge les plantes et les animaux ont disparu pour faire place à des animaux et à des essences mieux organisées.

DEUXIÈME LEÇON

De l'air. — De l'oxygène. — De l'azote. — De l'acide carbonique. — De la vapeur d'eau. — De l'atmosphère; son mouvement, sa pesanteur, ses variations. — Du baromètre anéroïde. — Développement de la deuxième leçon, appliqué à l'agriculture.

MESSIEURS,

L'air joue un grand rôle dans la nutrition des plantes, dans la désagrégation des pierres qui, par la succession des siècles, forment la couche arable, dans la respiration des animaux et celle des plantes, dans la combustion, dans la transmission du son, de l'électricité, de la lumière, de la chaleur. Donc, le rôle de cet élément, qui n'est pas encore parfaitement connu dans la science, doit avoir sa constitution propre, son organisation spéciale, tout aussi bien que les autres êtres organisés de la nature, animaux et plantes qui le respirent. Il est donc à désirer que sa composition soit mieux connue, car, combien de problèmes inabordables recevront une solution satisfaisante ! combien de faits inexplicables jusqu'à ce jour auront leur solution et combien l'agriculture, qui a tant d'intérêt à sonder les mystères de la nature, pourra gagner dans une connaissance parfaite des phénomènes atmosphériques. Et ces myriades de corpuscules que l'on voit briller et s'agiter en tous sens dans les rayons lumineux d'une fente de volet qui rend si visibles, à l'intérieur d'une chambre, ces innombrables grains de poussière ! leur rôle est encore inconnu ; nous apportent-ils des maladies épidémiques ou accusent-ils des miasmes dont l'air est chargé ; ces êtres microscopiques sont-ils des germes, et les discussions sur les générations spontanées ont-elles leur raison d'être ?

Laissons de côté toutes ces discussions scientifiques, et disons tout simplement, avec Lavoisier et autres savants, que l'air atmosphérique se compose :

D'oxygène, dont un mètre cube d'air renferme　208 litres.
D'azote. 792
D'acide carbonique. . . . . 3 à 6 décilitres.
Vapeur d'eau. . . . . Proportions variables.

Ou bien en d'autres termes :

L'air se compose de 1/5 d'oxygène et de 4/5 d'azote.

Accidentellement l'air peut encore tenir des gaz méphitiques provenant des matières en putréfaction, enfin tous les autres gaz provenant des usines de l'industrie de l'homme.

L'air atmosphérique est un élément gazeux et chaque gaz qui le forme conserve ses propriétés physiques.

L'oxygène est le plus actif, il exerce une action chimique sur tous les animaux, les minéraux et les plantes. Il sert à la combustion des matières susceptibles de brûler. Mettons une bougie dans une cloche et empêchons l'air de s'y renouveler en l'entourant avec de l'eau contenue dans un vase quelconque, la bougie brûlera tant qu'il y aura du gaz oxygène, mais s'éteindra aussitôt qu'il sera brûlé: il ne restera plus dans la cloche que de l'azote et une très-faible quantité d'acide carbonique. Donc, nous pouvons déduire de cette expérience que l'oxygène a servi à la combustion de la bougie et a produit en brûlant de l'acide carbonique.

Il sert à la respiration des animaux, et, pour s'en convaincre, retournons à la cloche et introduisons dessous une souris, un oiseau ; au bout de quelque temps, l'animal en respirant aura absorbé l'oxygène, périra faute d'air respirable et laissera pour résidu de l'azote et du gaz acide carbonique; donc je conclus encore que c'est l'oxygène qui sert à la respiration des animaux. Par l'aspiration, il est emporté dans la profondeur de nos tissus, il brûle et use notre organisation en donnant naissance à du gaz acide carbonique et à des vapeurs d'eau qui sont rejetées au-dehors : ainsi, dans la respiration, notre corps brûle comme une bougie.

L'oxygène semble avoir une mission destructive, seul, il brûlerait promptement notre corps, dans l'acte de la respiration. Seul encore par insufflation, sur le feu d'un fourneau, il activerait la chaleur et rendrait *volatils* les minéraux les plus réfractaires. Il attaque les plantes par la combustion, c'est l'élément indispensable à la production du feu, les roches, par la désagrégation, et en combinaison avec de la vapeur d'eau, il oxyde les métaux, il les rouille.

L'*azote*, au contraire, a une mission toute opposée. Il mitige, il corrige l'âpreté de l'oxygène et, tous deux mélangés, les fonctions vitales s'accomplissent régulièrement. Le mot azote veut dire : priver de vie, parce qu'en effet ce gaz tue les animaux qui le respirent. Ce nom n'est pas rationnel, car beaucoup d'autres gaz ne sont point aussi respirables, mais dans la chimie actuelle ce nom est remplacé par *nitrogène*, puisque c'est de l'acide nitrique qu'il tient sa base et de tous les composés qui en dérivent. L'azote n'a point d'action sur les corps bruts, il n'oxyde pas les métaux, n'attaque ni les terres, ni les roches. Sous l'influence de l'électricité des orages, il se combine avec l'oxygène et à l'eau et forme un sel appelé azotate d'ammoniaque qui tombe avec la pluie et se répand dans les terres comme engrais.

L'azote tant que gaz de l'atmosphère ne peut servir en rien à la nutrition des plantes, il faut qu'il soit engagé dans les composés organiques des engrais du sol. L'azote se rencontre dans les plantes en quantités variables ; dans les graines de froment l'on en trouve 21 à 29 parties pour 1,000 de matières sèches : c'est le *gluten !* Plus la nourriture de l'homme et des animaux est azotée, plus elle est nutritive : alors, c'est la viande ! Car il est acquis à la science que le pouvoir nutritif est en raison de l'azote compris dans les aliments. La puissance des engrais doit aussi se mesurer à la quantité proportionnelle d'azote qu'il renferme, un bon fumier de ferme contient généralement $0^k 42$ grammes d'azote pour 100 kilog. de son poids.

L'*acide carbonique* est un gaz, c'est le produit de la combustion du carbone ou charbon, nous l'avons dit : il est produit par la respiration des animaux, par le feu de nos cheminées, nos usines, nos machines à vapeur, il existe dans le sol et là, sa fonction est d'aider à la dissolution des sels qui seraient insolubles sans sa présence. Il a aussi la propriété de se dissoudre dans l'eau ; plus lourd que les autres parties constitutives de l'air, il existe plus particulièrement dans les couches inférieures de l'atmosphère. Sa propriété la plus importante, au point de vue de l'agriculture, est d'être absorbé par les feuilles des plantes qui, sous l'influence de la lumière le décomposent pour en retirer le carbone et le faire servir à la formation du gambium ou sève élaborée, qui lui-même servira à l'accroissement de la plante. Ce gaz n'est pas respirable pour les animaux ; ainsi du charbon allumé, dégageant ce gaz dans une chambre close, produirait promptement l'asphyxie de l'imprudent qui y serait renfermé.

La *vapeur d'eau* qui est en suspension dans l'atmosphère provient aussi de notre respiration, des combustions de toutes espèces, d'un fumier qui s'échauffe par la fermentation, c'est-à-dire qui brûle lentement ; de l'eau de la mer, des rivières, de l'humidité du sol, etc.... et la preuve, c'est qu'en rejetant notre respiration dans un air froid, nous produisons une vapeur d'eau parfaitement visible. Les combustibles en brûlant, le bois, par exemple, laissent échapper de la vapeur d'eau. De même que de l'eau placée dans un verre, exposée à l'air, diminue sensiblement en s'évaporant, de même l'eau des mers, des rivières s'évapore et s'élève en vapeurs dans l'atmosphère. La rosée que l'on voit au matin sur les plantes est causée par un refroidissement de cette vapeur. Cette vapeur d'eau est nécessaire pour la nutrition des plantes qui elles-mêmes, en empruntant l'humidité du sol par leurs racines, renvoient encore cette eau sous forme de vapeurs après son parcours dans la plante. La pluie n'est autre chose que de la vapeur d'eau condensée, ainsi la vapeur d'eau de l'atmosphère possède les mêmes propriétés que l'eau qui coule à la surface du sol, c'est-à-dire, d'être transformée, selon les circonstances de froid et de chaleur qui l'environnent. en état solide et en état liquide, pour retourner ensuite à l'état de vapeur.

L'atmosphère. — On appelle atmosphère la couche d'air qui entoure notre globe ; cette couche d'air peut s'étendre de 40 à 50 kilomètres au-dessus du sol. Physiquement, l'air ne peut être saisi, nos mouvements de locomotion y trouvent leur liberté d'action, c'est ce qu'on appelle un gaz. L'air pur est incolore, sans saveur et sans odeur, transparent, il se laisse traverser par la lumière, le son, l'électricité, le magnétisme. L'azur du ciel prouve qu'il est faiblement coloré, c'est un effet de la lumière solaire.

L'air est constamment en mouvemement, et lorsque nous sentons une brise légère ou un vent violent qui entrave ou pousse en avant notre action de locomotion, la preuve devient évidente que l'air est en mouvement.

L'air est pesant et, la preuve, c'est qu'en faisant le vide dans une bouteille d'un litre au moyen de la machine pneumatique, la bouteille précédemment tarée aura diminué du poids de 1 gramme 3 décigrammes ; faisons rentrer l'air, elle reprendra son poids primitif. Dans les différentes hauteurs de l'atmosphère, l'air ne conserve pas la même densité ;

il est plus pesant près du sol et, à fur et à mesure qu'il s'élève, il devient plus rare et, par conséquent, moins pesant. C'est pour ce motif que la vapeur d'eau étant plus légère de 5/8 que l'air qui rase le sol, s'élève jusqu'à ce qu'elle ait trouvé une couche d'air qui pèse le même poids qu'elle, et où elle peut se tenir en équilibre, c'est dans cette couche que se meuvent les nuages poussés par le vent. Ceci explique pourquoi la nue baisse quand elle est saturée de vapeur d'eau. C'est que, devenant plus pesante elle-même, elle vient chercher dans l'air un milieu qui lui soit égal en densité; alors, lorsque nous remarquons ce fait, nous pouvons presqu'à coup sûr pronostiquer que les nuages vont se résoudre en pluie.

L'atmosphère exerce, sur les corps solides du globe, une pression totale de 15,000 kil., et si nous ne sommes pas écrasés par ce poids énorme, c'est qu'il presse également en tous sens, à droite, à gauche, par devant, par derrière, et par notre respiration à l'intérieur de notre corps et de notre organisme. Il est facile de s'en convaincre, il suffit d'observer le jeu d'une pompe en action. Nous voyons le liquide s'élever dans le vase où l'on a fait le vide au moyen d'un piston qui a soutiré l'air, c'est la pression de l'atmosphère qui s'exerce sur le liquide extérieur et le force de prendre la place laissée vide par l'air: c'est encore là une preuve évidente de la pesanteur de l'air. Les anciens expliquaient ce phénomène du déplacement des liquides par le vide, en disant que la nature avait horreur du vide, c'est une triste explication qui ne pouvait conduire à aucun résultat dans la science.

La pression atmosphérique qui, pour un homme, peut être évaluée à 10,000 kil. équivalent à un mètre carré de surface, est nécessaire aux animaux et aux plantes.

Pour les plantes, c'est cette pression qui s'exerce sur le sol qui fait monter la sève dans la tige de la plante absolument comme dans un corps de pompe.

La pression atmosphérique peut varier selon le plus ou moins de vapeur d'eau qu'elle contient et il y a, par ce motif, probabilité de beau temps ou de pluie selon que l'air est plus ou moins saturé de vapeur d'eau. On reconnaît ce degré de saturation à l'aide d'un instrument nommé hygromètre, et la pression atmosphérique par les indications d'un second, nommé baromètre. Comme la description de ces instruments et principalement celle du baromètre, fonctionnant à l'aide d'une colonne de mercure, vous est connue par vos études précédentes, nous ne dirons que quelques mots du baromètre anéroïde. Sa forme est celle d'une petite pendule suspendue par un anneau, il fonctionne également dans les positions verticales ou horizontales. C'est ce qui l'a mis en faveur dans la marine et les voyages, sa boîte est en cuivre, son cadran est divisé en

79 degrés. Au-dessus du 73e degré est inscrit le mot tempête ; viennent ensuite les annotations intermédiaires, puis au-dessus du 79e degré, très-sec. Une aiguille noire marque les degrés de pression de l'air, une jaune sert de point de repaire pour constater la marche de l'appareil. Dans l'intérieur de la boîte en cuivre se trouve un tube en métal d'argent ou de Melchior à parois très-minces et roulé sur lui-même à la façon d'un cor de chasse, le vide est fait avec soin dans ce tube hermétiquement fermé aux deux bouts, il est évident que lorsque l'air se trouve plus lourd, il presse davantage sur les parois extérieurs du tube enroulé ; alors les deux bouts tendent à se rapprocher du centre en se contractant ; le contraire arrive lorsque l'air est sec et léger, il se dilate. Alors, puisque ces bouts sont mis en mouvement selon le plus ou moins de pression atmosphérique, un mécanisme avec engrenages, un fil de soie attaché à leur extrémité, passant sur une petite poulie, donnera faiblement le mouvement aux aiguilles qui, elles-mêmes, indiqueront les degrés et, par conséquent, les mots : Tempête, pluie, vent, variable, etc… Qu'est devenu l'inventeur de cet ingénieux instrument ? Dénué de tout, accablé de misère, il a été bien heureux de trouver un lit d'hôpital pour y mourir en paix, tandis que l'industriel qui l'a exploité est maintenant riche à millions et comblé d'honneurs !….

DÉVELOPPEMENT

DE LA

DEUXIÈME LEÇON

Applique à l'Agriculture.

----

1. — D. Qu'est-ce que l'air?

R. L'air est une matière invisible qui nous entoure et qui s'élève au-dessus de nous jusqu'à une hauteur de 15 à 16 lieues ; il constitue ce que l'on appelle l'atmosphère.

2. — D. L'air est-il pesant?

R. Un litre d'air pèse 1 gr. 3 décig., 1 mètre cube renferme donc un poids de 1,300 gr.

3. — D. Quelle est la pression totale de l'atmosphère?

R. La pression totale de l'atmosphère peut être évaluée à un poids de 15,000 hilog.

4. — D. Pourquoi ne sommes-nous pas écrasés par un pareil poids?

R. Parce que la pression se fait également à droite, à gauche, par devant, par derrière et à l'intérieur de notre corps.

5. — D. Sur une montagne éprouvons-nous la même pression?

R. Non, car la chaleur d'air, à fur et à mesure que nous montons, diminue sur nos têtes et augmente sous nos pieds.

6. — D. Pourquoi, dans une ascension, éprouvons-nous de la difficulté à respirer?

R. C'est que l'air se raréfie de plus en plus et que la pression entière de l'atmosphère qui est notre état normal n'existant plus, nous éprouvons un malaise.

7. — D. De quels éléments se compose l'air?

R. Un mètre cube d'air renferme 208 litres d'oxygène, 792 litres d'azote, de 3 à 6 décilitres d'acide carbonique et de la vapeur d'eau en proportions variables.

8. — D. L'air ne renferme-t-il pas autre chose?

R. Il renferme tous les gaz qui peuvent prendre forme à la surface de la terre, des corps solides, tels que de la poussière. On appelle gaz toutes les substances qui ressemblent à l'air.

9. — D. Qu'est-ce que l'oxygène ?

R. L'oxygène est une partie constituante de l'air, qui entre pour 1/5 ; c'est l'air que nous respirons, il fait brûler les matières organiques, il alimente la combustion ; son nom veut dire générateur des oxydes, parce qu'il attaque les métaux en les oxydant.

10. — D. Qu'est-ce que l'azote ?

R. L'azote ou nitrogène entre pour 4/5 dans la composition de l'air ; il n'est pas respirable pour les animaux ; le feu ne peut être alimenté par ce gaz ; au contraire, il l'éteint.

11. — D. Qu'est-ce que l'acide carbonique ?

R. L'acide carbonique de l'air est le même que le gaz de l'eau de seltz, du vin de Champagne, du cidre ; il n'est point respirable pour les animaux. C'est le résidu gazeux de la combustion ; tous les corps qui brûlent en produisent ; tous les animaux qui respirent le rejettent dans l'air.

12. — D. Les plantes respirent-elles l'acide carbonique ?

R. Oui, par les feuilles, percées de petits trous, qu'on appelle spores.

13. — D. L'air renfermant de la vapeur d'eau en

suspension, comment cette vapeur se forme-t-elle ?

R. Par l'évaporation des eaux étendues sur la surface du globe, par la respiration des animaux, par toutes les matières combustibles qui brûlent.

14. — D. La vapeur d'eau forme-t-elle les brouillards, les nuages, et comment cette vapeur se résout-elle en pluie ?

R. Lorsque l'air est trop chargé d'humidité, il se forme des nuages et, par suite, de la pluie.

15. — D. L'humidité de l'air est-elle nécessaire aux végétaux ?

R. Sans cette humidité, les plantes se dessécheraient.

16. — D. Pourquoi l'air se trouve-t-il constamment en mouvement et forme-t-il les vents ?

R. C'est par les alternatives de chaleur et de froid des différentes contrées du globe ; l'air, se raréfiant par la chaleur dans les pays chauds, est remplacé par de l'air froid, ce qui lui donne un mouvement. Par exemple, placez une chandelle dans le courant d'air d'une chambre chauffée par du feu de cheminée, vous verrez la flamme de la chandelle rentrer vers l'in-

térieur de la chambre, si vous avez placé
votre bougie au bas de la porte ; mais si
vous la placez au haut, la flamme de la
bougie sera entraînée hors de l'apparte-
ment ; ce qui prouve avec évidence que
l'air chaud s'est dilaté, a gagné la partie
supérieure de la chambre et forme un
courant dans cette partie, tandis que l'air
extérieur entre en rasant le sol et forme
courant contraire. Sans la brise qui agite
les épis des céréales, leur fécondation
ne se ferait pas et nous n'aurions pas de
pain. Faute de vent pour établir entre les
océans et les continents, au moyen des
nuages, un transport d'eau perpétuel, la
terre subirait une sécheresse permanente
qui ferait périr tous les végétaux et, par
suite, les animaux qui s'en nourrissent.

17. — D. Quel est le parcours des vents et leur
vitesse ?

R. Un vent frais parcourt 5 mètres par
seconde, un ouragan parcourt 36 mètres
dans le même espace de temps.

18. — D. Pourquoi y a-t-il des vents qui apportent
avec eux l'humidité, par exemple comme
le vent d'ouest ?

R. C'est que ce vent a passé sur une vaste

étendue d'eau, par exemple l'Océan, et qu'il apporte avec lui l'humidité que ces mers lui ont communiquée.

19. — D. A quoi sert l'instrument appelé baromètre ?

R. A s'assurer des changements et variations de l'atmosphère, de la pluie et du vent, par le plus ou le moins d'élévation de la colonne de mercure. Il sert encore à calculer la hauteur des montagnes, car à fur et à mesure que l'on monte sur une montagne, la colonne barométrique diminue.

20. — D. Dans la respiration, les hommes et les animaux brûlent-ils l'oxygène pour ne rendre que de l'acide carbonique et de l'eau ?

R. Oui ; il en est de même dans la combustion des matières végétales, du bois, du charbon ; aussi l'air d'une chambre, d'une étable, est-il promptement vicié par la respiration des animaux ou la combustion par le feu.

21. — D. Doit-on rendre le logement des hommes et des animaux spacieux pour éviter tout malaise dans les fonctions de la respiration ?

R. Oui, car il faut une grande quantité d'air respirable pour éviter l'asphyxie.

22. — D. En une heure, combien un homme consomme-t-il d'oxygène et rend-il d'acide carbonique?

R. Il consomme 22 litres d'oxygène et rend 22 litres d'acide carbonique.

23. — D. En respirant à l'air libre, que devient l'acide carbonique rejeté par la respiration?

R. Il se mêle à l'atmosphère et sert à la respiration des plantes, qui l'absorbent par leurs feuilles.

24. — D. Les savants ont-ils reconnu une plus grande quantité d'acide carbonique dans les villes que dans la campagne?

R. Oui, car l'agglomération des respirations rassemblées des hommes est plus considérable, et aussi dans les villes il y a moins d'arbres pour absorber l'acide carbonique.

25. — D. Combien faut-il à l'homme de mètres cubes d'air par heure pour respirer à l'aise?

R. Il faut de 6 à 10 mètres cubes d'air pour respirer à l'aise, c'est pour ce motif que dans les casernes et les établissements publics, les chambres où couchent les hommes doivent fournir cette quantité d'air respirable.

26. — D. Les agriculteurs doivent-ils prendre les mêmes précautions pour les logements de leurs animaux?

R. Oui, car une vache laitière consomme 7 fois plus d'air respirable qu'un homme, il faudrait donc lui donner 30 mètres cubes d'air par heure.

27. — D. Quels sont les moyens à employer pour donner des courants d'air à une étable et la rendre saine sans occasionner de refroidissements subits aux animaux?

R. C'est d'y faire, à l'aide de tuyaux, des cheminées à courants d'air, et prendre soin que ces courants d'air ne viennent jamais frapper directement l'animal, mais obliquement en renvoyant l'air introduit frapper d'abord une planche, un mur, etc... Il doit être envoyé obliquement et non directement. Dans nos étables de la Rochelette, nous avons fait des grillages à mailles très-serrées, qui tamisent l'air, donnent de la lumière et sont plus économiques que l'établissement de cheminées. Pour bien comprendre l'effet produit par ces grillages

placés dans les ouvertures à courants
d'air, il suffit de se rappeler le grillage
qui entoure la lampe des mineurs, in-
ventée par M. Meyer. Dans le premier
cas, il conserve une égale température
intérieure, il tamise l'air extérieur sans
l'intercepter et l'empêche d'arriver trop
froid sur les animaux. Dans le second, il
intercepte le calorique et empêche le feu
de se communiquer aux gaz inflammables
répandus dans les galeries des mines.

28. — D. Ne faut-il pas aussi de l'air pour la bonne
germination des graines ?

R. Oui, car sans air, humidité et chaleur,
les graines ne peuvent germer.

29. — D. Si une graine est trop enfouie en terre,
germera-t-elle ?

R. Non, car l'air ne pourra l'atteindre et
elle pourrira ou se conservera pour les
années suivantes, comme le fait la mou-
tarde sauvage, la Ravenelle, autrement
dit la Russe, qui, lorsque le sol est re-
tourné, sera ramenée à la surface, alors
elle germera.

30. — D. Quel est la théorie de la germination ?

R. La graine contient des matières fécu-
lentes, nutritives et azotées qui, au con-

tact de l'oxygène, se brûlent lentement par la fermentation ; ces matières servent au commencement de la nutrition de la plante qui germe; par les trois causes d'air, d'humidité et de chaleur.

31. — D. Aussitôt que le germe est formé, que se passe-t-il ?

R. La plante, n'ayant pas encore de racines pour aller puiser la nourriture dans le sol, l'emprunte aux matières contenues dans la graine, alors elle forme sa tige qui sort de terre et qui vient respirer l'acide carbonique, elle forme aussi, en même temps, ses racines qui vont puiser des aliments dans le sol.

32. — D. Dans un arbre fruitier, ne pourrions-nous pas trouver un exemple des fonctions vitales des végétaux ?

R. Oui, un pommier possède des spongioles qui sont des suçoirs placés à l'extrémité des racines et qui vont chercher les sucs nutritifs du sol en absorbant l'eau qui y est contenu, car sans eau l'absorption des aliments des plantes ne peut être faite par eux.

33. — D. Quels sont les autres fonctions ?

R. Les aliments passent des spongioles dans les racines ; de là, ils vont dans les vaisseaux de l'arbre sous forme de sève, arrivent jusqu'aux feuilles : l'air fait évaporer l'eau, par la respiration des feuilles et leur contact avec l'atmosphère, il y a alors décomposition de la sève qui se change en gambium et redescend dans l'arbre pour lui donner une nouvelle vie, de nouvelles couches, etc.

34. — D. A quel aspect le cultivateur reconnaîtra-t-il le bouton à feuille du bouton à fruit ?

R. Le bouton à fruit est plus gros, plus renflé, le bouton à feuille plus pointu et plus grêle.

35. — D. L'air atmosphérique fournit-il suffisamment de charbon aux plantes ?

R. Le cultivateur n'a point à s'occuper de fournir du charbon aux plantes, l'acide carbonique de l'air leur en fournit suffisamment.

36. — D. Nous avons vu que les animaux décomposent l'air par la respiration et fournissent l'acide carbonique. Les végétaux, eux, qui respirent l'acide carbonique, nous rendent-ils l'oxygène ?

R. Les végétaux, vivants sur le sol, décom-

posent l'acide carbonique que les animaux ont produit et rendent à l'air l'oxygène que ces derniers lui ont enlevé,
c'est donc un va-et-vient, une décomposition et une recomposition éternelle.

37. — D. En est-il de même pour le fruit lorsqu'il
est cueilli ou lorsqu'il commence à mûrir,
étant encore suspendu à l'arbre ?

R. Non, tout le contraire a lieu. Pour mûrir,
le fruit que l'on a cueilli de l'arbre, dégage
son acide carbonique et absorbe l'oxygène, il perd ainsi son acidité, et la matière sucrée s'y développe. C'est pour ce
motif qu'un fruit mangé à la sortie de
l'arbre peut causer de graves inconvénients à l'économie par l'absoption de
l'acide carbonique qui y est contenu.

38. — D. L'homme et les animaux, par leur respiration, donnent de la vapeur d'eau à
l'atmosphère en exhalant leur haleine,
mais les végétaux donnent-ils aussi de la
vapeur d'eau à l'atmosphère ?

R. Oui, car l'eau que contient le sol, étant
aspirée par les spongioles et passant dans
toute la plante, s'évapore au contact de
l'air et de la chaleur, et, par conséquent,
donne de la vapeur d'eau.

39. — D. La quantité d'eau que laisse échapper
un végétal est-elle considérable?

R. Un choux de la surface de 2 mètres carrés, laisse échapper 580 grammes d'eau
en 12 heures.

40. — D. Les racines des végétaux vont-elles chercher au loin leur nourriture ?

R. Oui, quelquefois très-loin, et nous pouvons citer la luzerne dont les racines vont
chercher leur nourriture à plus de quatre
mètres dans les profondeurs du sol. Un
choux, dont les fibrines des racines
seraient mises bout à bout, formeraient
une longueur de 153 mètres et une surface
de 1 mètre 8 décimètres carrés. Espaçons
donc nos plantes qui ont tout aussi bien
besoin de liberté pour leurs fonctions
souterraines que pour celles de la surface
du sol.

41. — D. Lorsque l'air est trop chargé de vapeur
d'eau, que résulte-t-il de cette agglomération de vapeur ?

R. Il résulte que la vapeur d'eau se condense
sous forme de brouillard, ou bien encore
sous forme de neige, de grêle, de givre.

42. — D. Y a-t-il plus de vapeur d'eau dans l'air
pendant l'été que pendant l'hiver ?

R. Pendant l'été, la vapeur est plus considérable à cause de la chaleur qui produit
une plus grande évaporation des liquides.

43. — D. Les brouillards peuvent-ils favoriser la
végétation ?

R. Sur les plateaux élevés, les brouillards
favorisent la végétation des pâturages,
mais dans les bas-fonds, les marais, les
brouillards peuvent devenir pernicieux,
en entraînant avec eux des principes
organiques, appelés miasmes, dont les
effets sont mauvais pour la santé et en-
gendrent des fièvres, c'est pour ce motif
que l'on conseille au cultivateur d'assainir ses terres.

44. — D. Quelle est la cause qui produit la rosée
sur les plantes ?

R. Le refroidissement des plantes, pendant
la nuit, produit à leur surface le dépôt
d'une couche de rosée. Cette rosée est
bienfaisante et n'existe jamais sur les
plantes lorsque le ciel est sec et clair,
comme nous le verrons à la question
n° 58.

45. — D. Comment appelle-t-on, en chimie, l'oxygène que peut préparer le savant dans
son laboratoire?

R. On l'appelle *ozone ;* encore mal défini
dans la science, ce gaz factice semble ne
pas posséder absolument les mêmes
propriétés que l'oxygène de l'atmosphère.

46. — D. Quelle serait la preuve qui ferait connaître
que notre corps brûle en respirant l'air
atmosphérique ?

R. Une bougie, en brûlant, diminue de poids;
l'homme, les animaux, en respirant, en
font tout autant. Qu'ils, ou qu'on les
pèsent, ils auront diminué de poids en
comparant une première et une deuxième
pesée, bien entendu sans prendre ni faire
prendre de nourriture, ni rejet d'excréments; donc, ils ont brûlé. Ils ont fait
comme la bougie, par l'acte de la respiration.

47. — D. Qu'elle est la preuve que par notre respiration nous rejetons de l'acide carbonique?

R. L'eau de chaux se couvre d'une pellicule
blanche au contact de l'acide carbonique,
alors, en soufflant avec un tube quelconque, l'air que nous rejetons de nos
poumons dans de l'eau de chaux, nous
la verrons blanchir, c'est la preuve que

nous rejetons de l'acide carbonique qui, combiné avec la chaux, forme un carbonate de chaux.

48. — D. Comment la chaux, que l'on met dans un champ, forme-t-elle du carbonate de chaux ?

R. Elle se combine avec l'acide carbonique de l'air et forme du carbonate de chaux qui, étant assimilable pour les plantes, sert à leur nourriture.

49. — D. Etant reconnu que la vapeur d'eau est un gaz comme l'air, quelle est sa densité ?

R. La densité de la vapeur d'eau est des 5/8 de l'air, par conséquent, elle est plus légère que lui.

50. — D. Quelle est la signification du mot oxygène ?

R. Il veut dire : qui forme les oxydes. Car, en effet, c'est l'oxygène qui produit la rouille sur le fer et, par conséquent, l'oxyde.

51. — D. Quelle est la signification du mot nitrogène ?

R. Qui engendre le nitre.

TROISIÈME LEÇON

**De l'hydrogène. — De l'eau; de son état solide, liquide
et gazeux. — De la lumière et de la chaleur. — Du
calorique. — Propagation de la chaleur. — Rayonnement des corps solides. — Absorption de la chaleur. — Chaleur réfléchie. — Transparence des corps.
— Rôle de la lumière et de la chaleur, dans la vie
des animaux et des plantes. — Développement de
la 3ᵉ leçon, appliqué à l'Agriculture**

MESSIEURS,

L'hydrogène, gaz invisible, combiné avec l'oxygène dans la proportion de 8 à 1, forme l'eau pure ; il
diffère des autres gaz en ce qu'il est incapable d'entretenir comme l'oxygène la combustion des corps
et la vie des animaux ; un animal périrait dans son
milieu, un charbon n'y pourrait brûler. En cela il
ressemble à l'azote ou à l'acide carbonique ; mais
son caractère propre, c'est qu'il est lui-même combustible. Si on laisse échapper dans l'air un jet de

gaz hydrogène et qu'on approche une bougie allumée, il prend feu et brûle avec une flamme blanche
qui sert maintenant à l'éclairage de presque toutes
nos villes ; pour brûler il a besoin, comme tous les
autres corps combustibles, de la combinaison de
l'oxygène de l'air et brûlerait encore plus vivement
dans l'oxygène pur.

Le gaz hydrogène qui sert à l'éclairage est de
l'hydrogène carboné, c'est-à-dire qu'il est en combinaison avec le carbone ou charbon, dont il est extrait par les procédés de nos usines.

Le chimiste, dans son laboratoire, peut décomposer l'eau de différentes manières, mais il n'en retire
toujours en poids que 11,112 d'hydrogène et 88,888
d'oxygène, ce qui revient à dire que sur 9 kilog.
d'eau il y en a 1 d'hydrogène et 8 d'oxygène.

Ces deux gaz peuvent rester mélangés sans changer d'état et ne pas former de l'eau, mais le passage
d'une étincelle électrique ou l'approche d'une flamme les force à se combiner et le résultat de cette
combinaison forme de l'eau pure. L'eau de la nature
n'a jamais la pureté du résultat de cette combinaison ; car plusieurs substances solubles y sont dis-
soutes en quantités variables. Ainsi en faisant chauf-
fer de l'eau, avant l'ébullition l'on voit s'élever à sa
surface de petites bulles de gaz qui sont, comme
l'air extérieur, un mélange d'oxygène et d'azote ;
ces deux gaz étaient dissous dans l'eau. Elle tient

aussi en dissolution de l'acide carbonique qui vient aider par son action l'eau dans son rôle dissolvant ; elle tient aussi en dissolution des substances minérales qu'elle tire du sol et qu'on retrouve à l'état solide en la faisant évaporer dans un vase ; alors, au fond, on y voit ces diverses substances à l'état pulvérulent. Toutes les eaux ne contiennent pas la même proportion de gaz et de matières minérales, car toutes n'ont pas le même parcours à travers les différentes couches du sol, soit intérieurement, soit extérieurement, telles sont les eaux sulfureuses, calcaires, ferrugineuses et les eaux de la mer.

Si l'on fait bouillir l'eau sur le feu, et il lui faut 100 degrés de chaleur pour arriver à cet état, il s'en échappe une vapeur qui n'est que de l'eau pure ; cette vapeur, en se répandant dans l'air plus froid qu'elle, se condense en partie et forme le brouillard qu'on appelle la fumée de l'eau chaude. Au contact d'un corps encore plus froid elle se condense, se rassemble et coule en gouttelettes, c'est ce qu'on appelle de l'eau distillée, alors elle est parfaitement pure de corps étrangers. L'eau de pluie ou de neige devrait être dans le même cas lorsqu'elle nous tombe des nuages sans avoir encore touché la terre, puisque la pluie n'est que le produit de la vapeur d'eau, mais en traversant l'atmosphère elle lui emprunte une certaine proportion de chacun de ses éléments gazeux, oxygène, azote et acide carbonique ; elle lui prend aussi, surtout dans les temps d'orages, une certaine quantité de substances ammoniacales que M. Barral, d'après ses expériences, estime à 8 kilog. 670 grammes tombant sur un hectare de terre pendant les six derniers mois de l'année.

L'analyse retrouve encore dans les eaux de pluie, principalement sur les bords de la mer, des matières salines qui étaient disséminées en vapeur ou en poussière dans l'atmosphère.

L'eau se présente sous trois formes différentes dans la nature, à l'état liquide et à l'état solide dans les fleuves, les sources et la mer; à l'état gazeux dans l'atmosphère, lorsqu'elle prend la forme de vapeur par la chaleur et l'évaporation.

L'eau est le plus grand dissolvant de la nature, la plupart des solides sont dissouts par elle; plus sa température est élevée, plus elle est dissolvante ; elle agit aussi, comme oxydant très-énergique, sur les métaux.

A l'état liquide, elle nous rend de grands services en agriculture par les irrigations régulières, en apportant avec elle acide carbonique, ammoniaque et autres matières qu'elle tient en suspension, elle fertilise le sol.

A l'état solide, elle désagrége les roches et en forme les terres arables, car lorsqu'elle prend cette forme par la congélation elle augmente de volume, et sa force d'expansion brise les roches les plus dures où elle a pu pénétrer lorsqu'elle était liquide. Pour exemple, mettons de l'eau dans une bouteille, fermons-la hermétiquement, faisons congeler cette eau, nous verrons la bouteille se briser par l'augmentation du volume d'eau passé à l'état de glace; son action est la même sur les roches, sur les terres arables et sur les plantes, car dans les hivers rigoureux, par un froid de 15 à 16 degrés au-dessous de 0, l'eau contenue dans les tissus des plantes se congèle et ces tissus se brisent avec craquement, se déchirent sous cette force d'expansion.

A l'état de vapeur, nous l'avons déjà dit, elle fait partie constituante de l'air, elle forme les nuages, les rosées, les brouillards, elle rafraîchit les plantes, et enfin retombe en pluie pour reprendre une de ces trois formes.

De la lumière et de la chaleur. — Avant de nous livrer à l'étude de la lumière et de la chaleur au point de vue agricole, il est nécessaire de connaître ces deux corps dont l'étude ne peut être séparée. On dit en chimie que ce sont des corps simples, impondérables, puisque nos instruments n'ont pu parvenir à les peser, ce qui ne prouve nullement qu'ils ne sont pas pésants.

Du calorique. — Le calorique est la cause de la chaleur; le soleil, le feu de nos foyers, le noyau incandescent du globe terrestre, le frottement très-anciennement connu, sont des sources de chaleur.

Le calorique a la propriété de dilater les corps en les pénétrant, et c'est à cette propriété que nous devons l'instrument que nous appelons thermomètre (1), tube de verre dans lequel on insère du mercure ou de l'esprit de vin ; la dilation plus ou moins grande du contenu nous fait juger de l'intensité plus ou moins grande de la chaleur.

Propagation de la chaleur. — La chaleur se propage de deux manières par conductibilité et par rayonnement ; par conductibilité elle se propage de couche en couche dans l'intérieur d'un corps. On dit des corps qu'ils sont bons conducteurs du calorique lorsque, de l'une de ses parties, la chaleur se communique promptement à une autre partie, et ceux qui n'ont pas cette propriété sont dit mauvais conducteurs du calorique. On entend par *rayonnement* la propagation de la chaleur que contiennent les corps, émission continuelle qui se propage à travers l'air en ligne droite et en tous sens. On appelle *rayons calorifiques* les directions suivies par la chaleur, ainsi une barre de fer dont on mettrait un des bouts dans le feu d'une forge, s'échauffe, et de couche en couche la chaleur arrive à l'autre bout, c'est alors l'effet de conductibilité. Retirons la barre de fer du foyer et exposons-la à l'air la chaleur s'en échappe par rayonnement.

(1) En grec, Θερμομετρον, mesure de la chaleur.

Le soleil nous envoie sa chaleur par rayonnement, et son parcours est presqu'instantané comme celui de la lumière qui nous vient aussi de cet astre, puisque ces deux émissions se font à raison de 70,000 lieues par seconde.

Rayonnement des corps solides. — Tous les corps solides de la nature, animaux et plantes, rayonnent de la chaleur des uns vers les autres, et cette loi est égale pour tous, pour les plus froids comme pour les plus chauds ; ainsi une barre de fer rougie à blanc émet une forte somme de chaleur, tandis que refroidie elle rayonne, mais d'une manière insensible.

Absorption de la chaleur. — Tous les corps absorbent la chaleur si elle leur est présentée en plus forte proportion que la leur propre ; la couleur noire possède la propriété d'absorption à un plus haut dégré que la couleur blanche ; aussi une terre foncée en couleur s'échauffe-t-elle plus facilement qu'une terre blanche : il en sera de même d'un chaudron dont le fond est noirci par la fumée.

Chaleur réfléchie. — Les surfaces polies absorberont moins de chaleur que les surfaces brutes ; ainsi un mur enduit et blanchi à la chaux renverra et la lumière et la chaleur qui viennent le frapper, c'est ce qu'on appelle la réverbération, qui est mise à profit par les maraîchers pour la culture des arbres en espalier.

Transparence des corps. — Beaucoup de corps sont transparents, c'est-à-dire qu'ils laissent la lumière et la chaleur les traverser librement, nous ne citerons que les principaux : l'air, l'eau et le verre. Ne pouvant entrer ici dans l'explication détaillée des lois qui régissent la transparence des corps par la lumière et la chaleur, nous dirons seulement que pour certaines cultures on a mis ces lois à profit pour abriter les plantes par les serres et les cloches de nos jardins, car les rayons calorifiques du soleil, une fois entrés dans l'intérieur de ces abris, vont échauffer directement les plantes ou objets abrités, tandis que la chaleur, émise par ces mêmes objets ou plantes, ne peut traverser l'abri, est forcée de rester intérieurement, et la chaleur s'élève de plus en plus.

Rôle de la lumière et de la chaleur dans la vie des animaux et des plantes. — Sans lumière et sans chaleur, les animaux et les plantes ne peuvent vivre ni végéter ; privons une plante de lumière, elle deviendra incolore, grêle et languissante, elle s'étiolera sensiblement ; en outre de la lumière, privons-la de chaleur, elle périra.

Pendant le jour la terre reçoit une plus grande somme de chaleur qu'elle n'en perd par le rayonnement qu'elle émet autour d'elle dans les parties basses de l'atmosphère. Donc elle s'échauffe, mais pendant la nuit, ne recevant plus de rayons calorifiques, elle se refroidit. Il n'est pas inutile d'ajouter aussi que la terre étant un mauvais conducteur du calorifique, les sensations de froid et de chaleur ne pénètrent pas au-delà de 60 centimètres à 1^m 60. Dire aussi la somme de chaleur et de lumière qu'il faut à une plante pour sa fructification, nous serait bien difficile, malgré les nombreux essais qui ont été tentés pour arriver à ce résultat. Tout ce que nous pouvons dire de ces expériences, c'est de citer M. Sacc qui, dans sa Chimie, donne les chiffres de 1546 degrés calorifiques pour la végétation et la maturité complète du blé à Upsal, et de 1943 degrés à Paris. Cette différence, dit-il, en faveur d'Upsal, vient sans doute de la brièveté des nuits d'été dans le Nord, et par conséquent de ce que le froment reçoit à Upsal plus de lumière qu'à Paris, dans le même espace de temps.

La lumière, d'après cette expérience, aurait donc la primauté sur la chaleur; ce qu'il y a de certain, c'est que la durée végétative d'une même plante est due non-seulement à la température, mais encore à la somme de lumière reçue par l'état des rayons solaires. Qu'une plante quelconque, un arbre, par exemple, soit ombragé en entier, il poussera des rameaux longs et grêles, donnera rarement des fleurs, et ces fleurs ne produiront jamais de fruits; s'il est éclairé en partie, les fruits ne se montreront que sur la partie éclairée. On doit encore à l'action de

la lumière, la coloration des feuilles, la saveur des
fruits, la vive couleur rouge de l'épiderme du côté
seulement où la plus forte somme de lumière a été
perçue, ainsi que la maturité des graines.

De même que nous l'avons dit pour l'air, la lumière et la chaleur ne nous sont pas bien connues;
si nous pouvons mesurer l'une, on n'est pas parvenu jusqu'à ce jour à pouvoir apprécier la somme
de lumière produite par le soleil, et bien des secrets
sans doute nous sont encore cachés.

De même que la cloche en verre comme abri des
plantes dans nos cultures, ¡dont nous avons déjà
parlé, retient la chaleur intérieure et l'empêche de
s'épancher au dehors, tandis qu'elle permet aux
rayons calorifiques de la pénétrer; de même l'atmosphère sert de manteau ou d'abri aux êtres vivants, végétaux ou autres corps qui sont à la surface du sol. Les rayons du soleil traversent l'atmosphère de couche en couche, sans perdre sensiblement de leur intensité, pénètrent la terre et tout ce
qui est à sa surface. Le contraire se produit au retour par rayonnement, l'air arrête en grande partie
les rayons calorifiques émis par la terre et l'empêche de se refroidir trop rapidement. L'atmosphère
produit donc ici le même effet que la cloche du
jardinier.

Il est donc évident que la lumière et la chaleur
exercent une action puissante sur la végétation.

Sans la lumière, point d'évaporation possible de la surabondance de la sève dans les cellules des feuilles, et par conséquent absence d'activité dans les racines pour aller puiser dans le sol la nourriture, car la quantité de substances nutritives puisées par les racines, est subordonnée à l'évaporation des feuilles au contact de la lumière; de même que l'acide carbonique, accumulé dans les cellules des feuilles, ne peut être décomposé pour concourir à l'accroissement et à la fructification, que sous l'influence d'une vive lumière.

La chaleur contribue aussi à augmenter cette évaporation et stimule l'énergie des plantes, mais il faut la rencontrer en certaines limites et combinée avec une humidité suffisante; car si la chaleur est trop grande et trop prolongée, le sol se dessèche et la végétation s'arrête. Le contraire a lieu si la température est élevée et humide : la végétation sera trop activée pour sa partie herbacée ; la plante dépensera alors toute sa vigueur, et n'en trouvera plus une suffisante pour la germination.

Il faut donc combattre, et l'excès de sécheresse sans humidité, et l'excès de chaleur contraire.

Dans la grande culture, par des ruisseaux d'irrigation qui, selon le cas, entretiendront la fraîcheur du sol ou faciliteront l'écoulement des eaux trop abondantes, par des arrosages à l'engrais liquide très-étendu d'eau ; car du purin concentré répandu par un temps de sécheresse brûlerait infailliblement les plantes, ou tout simplement avec de l'eau, se servant du tonneau pneumatique, arroseur de M. Carbonnier Pauchet, ou un simple tonneau qui déverse le liquide dans un auget percé d'une infinité de petits trous pour diviser le liquide et le répandre sur le sol, en promenant l'appareil sur les cultures en lignes ou en prairies ; soit encore par les binages souvent renouvelés, car la terre dans les cultures en lignes se dessèche moins étant binée et mise en billon, de plus elle est ouverte à l'influence des rosées. Les labours profonds sont aussi un puissant préservatif, et contre la sécheresse, et contre le trop d'humidité.

Dans la culture du jardin de la ferme, qui trop souvent se trouve négligée, les arrosements se font généralement avec l'arrosoir de jardinier connu de tous.

Loi de la capillarité. — Nous venons de vous conseiller les labours profonds, et contre la sécheresse et contre l'humidité, car dans une terre remuée à une certaine profondeur, les molécules qui se trouvaient tassées les unes contre les autres, étant divisées par la charrue, ont augmenté de volume par leur séparation, et ont laissé entres elles de petits espaces vides qu'en chimie on appelle *vacuoles*, ce qui fait la porosité. Alors ces vacuoles permettront à l'air et à l'eau de s'y loger, et plus le labour sera profond, plus la place laissée libre à l'air et à l'eau sera grande. D'abord, ce labour profond sera un bon préservatif contre l'humidité, parce que l'eau trouvant passage dans le sol ne restera pas en contact immédiat avec les racines ; ensuite, contre la sécheresse, ce magasin de réserves cèdera, par l'effet de la capillarité et au fur et à mesure de de leurs besoins, l'eau nécessaire à la vie des plantes. Le premier centimètre du sol est-il desséché, le deuxième lui cédera son humidité et ainsi de suite jusqu'au fond du labour. Cet effet de la capillarité, qui permet à l'humidité de remonter dans les couches supérieures du sol, se renouvelle tous les jours devant vos yeux sans attirer votre attention, et je choisis à dessein cet exemple dans le morceau de sucre que vous baignez en partie dans la soucoupe de votre tasse de café, ne voyez-vous pas le liquide monter de vacuoles en vacuoles, jusqu'au sommet du morceau de sucre, et cet effet visible, à cause de de la coloration du liquide, se produit de même dans le sol avec l'eau, par les lois de la capillarité.

DÉVELOPPEMENT

DE LA

TROISIÈME LEÇON

Appliqué à l'Agriculture.

---

52. — D. Le thermomètre a-t-il son utilité en agriculture ?

R. Oui, puisque cet instrument sert à indiquer les degrés de chaleur et de froid
qui nous environnent. En agriculture, il
sert à la laiterie pour indiquer le degré de
chaleur ou de froid pour faire crémer le
lait; il indique aussi si une plante peut
être cultivée dans telle ou telle contrée,
car les plantes ont besoin d'une certaine
somme de chaleur pour végéter.

53. — D. De quoi se compose un thermomètre ?
n'a-t-on pas inventé des instruments que
l'on nomme thermomètre à *minima* et

maxima pour indiquer les différences de
températures dans les alternatives de jour
et de nuit, sans pour cela s'astreindre à
une surveillance gênante?

R. Oui, ces instruments fonctionnent seuls
et donnent le plus petit degré et le plus
haut degré de chaleur de la journée ou
de la nuit.

54. — D. Faire la description de ces deux thermo-
mètres.

R. Les tubes sont placés horizontalement,
le *maxima* contient une colonne de mercure qui en se dilatant par la chaleur
pousse un petit cylindre en acier ; arrivé
au maximum de dilatation, le cylindre
reste en place lorsque la colonne de mercure se retire, et il marque le maximum
de chaleur.

Le *minima* contient de l'esprit de vin
coloré et un petit cylindre creux en émail;
par suite de l'adhérence de l'émail avec
l'acool, ce cylindre est entraîné.

Lorsque l'alcool se contracte et lorsque
l'alcool se dilate, le cylindre reste en
place, parce que l'alcool passe par le trou
du cylindre qui marque alors le *minima*
de la température.

55. — D. Pourquoi la couleur noire de la terre absorbe-t-elle plus de chaleur que la couleur blanche?

R. Les rayons calorifiques ont la propriété de pénétrer dans les surfaces noires; et, réflétées par les surfaces blanches, alors la terre noire se trouvant pénétrée profondément par le calorique, s'échauffe pendant que la terre blanche renvoie les rayons calorifiques et ne les absorbe pas, ne peut par conséquent conserver la chaleur puisqu'elle la réflète.

56. — D. Le degré de sécheresse ou d'humidité influe-t-il sur l'échauffement du sol?

R. Une terre humide s'échauffe difficilement, mais dans une terre sèche la température s'élève de 7 à 8 degrés de plus que dans une terre humide; cette différence se produit dans tous les sols, quelque soit leur composition.

57. — D. Toutes les plantes ont-elles besoin d'une même somme de chaleur pour végéter?

R. Non, car dans le Nord les plantes de l'équateur ne pourraient prospérer, et chaque pays a sa végétation appropriée au climat.

58. — D. Les plantes ne sont-elles pas quelquefois

grillées par un temps clair et sans nuages?

R. Oui, lorsqu'il n'y a pas d'humidité dans
l'air, le rayonnement de la chaleur de la
terre se fait trop abondamment et les
plantes sont grillées par ce motif. (Voir
le n° 44.)

59. — D. Ce n'est donc pas la lune rousse qui est
cause du méfait.

R. Non, c'est une erreur, car la lune n'a pas
de chaleur par elle-même et ne nous
donne sa lumière que par reflet des rayons du soleil.

60. — D. Les brouillards empêchent-ils le rayonnement du sol; la neige produit-elle le
même effet?

R. Oui, car le sol se trouve enveloppé comme
sous une couverture, dans les deux cas,
de brouillards épais ou de couches de
neige.

61. — D. Quel serait le moyen d'empêcher le rayonnement du sol et de préserver les arbres
fruitiers d'un jardin de la gelée?

R. C'est de développer de la fumée épaisse
qui aura la même propriété que le brouillard et la neige, c'est-à-dire de faire une
couverture pour les plantes ou bien en-

core mettre des paillassons au-dessus des plantes pour les abriter.

62. — **D.** Peut-on évaluer la quantité d'eau qui tombe sur une contrée pendant une année entière?

R. Oui, au moyen d'un instrument nommé pluviomètre, qui sert à mesurer la quantité d'eau tombée sur une petite surface. M. Boussingault a calculé qu'il tombait en Bretagne 680 litres d'eau par mètre carré pendant l'espace d'un an.

63. — **D.** Le cultivateur aurait-il intérêt à recueillir les eaux pluviales de ses toitures, de ses cours et de ses chemins ?

R. Un bon aménagement des eaux lui vaudrait de véritables fumures sur ses terres, et des fosses pour les recevoir lui sont alors indispensables afin de les diriger sur ses cultures.

64. — **D.** Les eaux pluviales sont-elles fertilisantes?

R. M. Barral a constaté dans les eaux pluviales des quantités très-sensibles d'ammoniaque et il prétend qu'il tombe, avec la pluie sur un hectare de terre, pendant une année, 17 kilog. d'ammoniaque. Les neiges en contiennent une forte quantité ainsi que les brouillards.

65. — D. Qu'est-ce que l'hydrogène ?

R. C'est un gaz, un corps simple, qui constitue un des éléments de l'eau, car combiné avec l'oxygène il forme de l'eau. Son
étymologie veut dire: générateur de l'eau.

66. — D. Les végétaux contiennent-ils de l'hydrogène ?

R. Les végétaux contiennent non-seulement
de l'hydrogène, mais encore du charbon,
de l'azote et l'oxygène.

67. — D. Les animaux peuvent-ils vivre dans l'hydrogène ?

R. Non, ce gaz n'est point respirable pour
les animaux.

68. — D. Une bougie allumée introduite dans un
milieu de ce gaz continuerait-elle à brûler ?

R. Non, elle s'éteindrait, mais elle y mettrait
le feu avant de s'éteindre et l'hydrogène,
en produisant une flamme, laisserait trace
de vapeur d'eau.

69. — D. L'huile que nous brûlons dans les lam-
pes, les bougies, le gaz d'éclairage, for-
ment-ils de l'eau en brûlant ?

R. Oui, car tous contiennent de l'hydrogène
et ce gaz en brûlant se combine avec
l'oxygène et forme de la vapeur d'eau.

3*

70. — D. Donnez-moi un exemple du fait précédent?

R. Pour s'en convaincre, il suffit de tenir un verre renversé au-dessus de la flamme d'une bougie, le verre se recouvre rapidement d'humidité.

71. — D. N'avons-nous pas journellement sous les yeux un autre exemple de la production de l'eau par la combustion?

R. Oui, car le bois en brûlant avec flamme produit aussi de la vapeur d'eau, c'est toujours le même phénomène, la combinaison de l'hydrogène avec l'oxygène.

72. — D. Le gaz hydrogène seul, nous voulons dire sans combinaison, s'emflammerait-il?

R. Non, car nous avons vu à la neuvième question que, sans combinaison d'oxygène, il ne pouvait y avoir de combustion possible.

73. — D. Les organes des plantes sont-ils traversés par un courant d'eau, et cette fonction est-elle nécessaire à leur existence?

R. Oui, puisque l'eau est une combinaison d'hydrogène et d'oxygène; il n'y a pas lieu de se préoccuper de leur fournir ces deux éléments, mais par le manque d'humidité du sol, il faut les leur donner par des arrosages.

74. — D. Trouve-t-on des traces d'ammoniaque dans la neige?

R. Les brouillards, la rosée, la neige condensent l'ammoniaque et donnent jusqu'à 7 et 10 milligrammes d'ammoniaque par litre d'eau condensée comme brouillard, ou de sa fusion comme neige, aussi dit-on avec raison, que les brouillards, la rosée et la neige engraissent la terre.

75. — D. Les eaux de pluie contiennent-elles de l'acide nitrique?

R. Oui, dans une année, sur un hectare de terre, MM. Barral et Boussingault ont constaté que les eaux pluviales avaient apporté 63 kilog. d'acide nitrique.

76. — D. Que doit-on déduire de ces faits?

R. On doit déduire de ces faits que les eaux pluviales peuvent apporter au sol des quantités d'azote assimilables pour les plantes, et si l'on considère que 250 kilog. de fumier de ferme ne peuvent donner que 1 kilog. d'azote, l'eau de pluie ferait à ce point de vue, en admettant qu'elle en apporte 21 kilog. par hectare, autant d'effet que 5,250 kilog. de fumier.

77. — D. Pouvons-nous dire que l'air est une source d'engrais?

R. Oui, car dans certaines cultures l'analyse retrouve plus d'azote dans les récoltes qu'il n'y en avait été mis par les fumiers, et il est bienheureux que l'air fournisse au sol de l'acide nitrique et de l'ammoniaque ; car les engrais seraient insuffisants pour entretenir la fertilité du sol.

78. — D. L'eau de pluie peut-elle contenir des matières minérales ?

R. Oui, l'air au bord de la mer contient des matières minérales qu'il emporte au loin, l'eau de pluie en tombant s'en empare et peut apporter au sol 88 kilog. de matières salines par hectare. Parmi ces sels sont des chlorures, des sulfates de potasse, de soude, de chaux et même des traces de phosphates. Le promeneur désœuvré des bains de mer peut se convaincre de cette vérité, en sentant ses lèvres se couvrir de ces matières salines.

79. — D. Puisque les eaux de rivière contiennent de l'ammoniaque, peut-on en évaluer les quantités charriées vers la mer chaque année par les fleuves ?

R. M. Boussingault a fait le calcul que le Rhin seulement déverse à la mer six millions de kilogrammes d'ammoniaque, chaque année. Qui oserait, d'après ce fait, calculer la quantité charriée par tous les fleuves du globe, et cela en pure perte pour l'agriculture sans espoir de retour, ceci démontre suffisamment qu'irriguer une prairie, c'est répandre à sa surface des nitrates qui ne coûtent rien.

80. — D. L'eau contient-elle de l'air en dissolution?

R. Oui, car les poissons ne pourraient vivre dans une eau que l'on aurait privée d'air par l'ébullition.

81. — D. Quels sont les gaz que l'on retrouve dans l'eau ?

R. Les mêmes que ceux de l'air, c'est-à-dire, l'azote, l'oxygène et l'acide carbonique, mais cet air que contient l'eau, est plus riche en oxygène et en acide carbonique que l'air de l'atmosphère.

82. — D. Comment expliquerait-on pourquoi le Créateur a donné à l'air de l'eau plus d'oxygène et d'acide carbonique, qu'à l'air de l'atmosphère?

R. C'est que la silice, le phosphate de chaux, le carbonate de chaux sont complétement insolubles dans l'eau, qui ne contiendrait point d'acide carbonique ; alors comment les plantes pourraient-elles aspirer par leurs spongioles des fragments de minéraux en les supposant aussi petits que possible, sans le secours de l'eau chargée d'acide carbonique qui dissout ces minéraux et conduit les matières nutritives dans les membranes, et les fait pénétrer dans la tige et jusque dans la graine ?

83. — D. L'eau reste-t-elle dans la plante après son introduction par les racines et son parcours jusqu'aux feuilles ?

R. Non, elle s'évapore en vapeur par les feuilles, au contact de l'air, et laisse seulement dans la plante les matières qui doivent servir à sa nutrition.

84. — D. L'eau de drainage est-elle fertilisante ?

R. Oui, surtout si cette eau parcourt des terrains riches en argile et en silice : M. Barral a trouvé, dans un litre, 76 milligrammes d'acide nitrique, 146 milligrammes de principes salins, parmi lesquels figurent la silice, la chaux, la magnésie, la potasse, l'oxyde de fer. Il y a donc intérêt pour l'agriculture à utiliser les eaux provenant des tuyaux de drainage.

85. — D. Les eaux d'une rivière, d'un ruisseau

qui séjournent sur une prairie par irrigation volontaire, sont-elles fertilisantes?

R. Oui, car elles déposent un limon qui fertilise le sol; cependant il faut étudier la
nature du limon charrié par cette eau ;
s'il est calcaire, il conviendra aux terrains argileux ; s'il est argileux, il conviendra aux terrains calcaires, car ce serait une faute de donner en excès trop
de calcaire.

86. — D. Ne devons-nous pas tenir compte des matières qui existent en dissolution dans
l'eau, non-seulement comme au numéro
précédent, mais encore lorsque nous la
prenons pour boisson ou la faisons entrer dans l'alimentation journalier du bétail?

R. Oui, car une eau qui renfermerait trop de
principes minéraux, trop de matières organiques en dissolution, qui ne serait pas
suffisamment aérée, qui aurait séjourné
dans une mare, n'offrirait à l'homme ni
aux animaux une boisson salubre.

87. — D. Ne pourrait-on corriger les défauts d'une
eau insalubre ?

R. Oui, en la filtrant, mais quelquefois les fumiers trop voisins des puits rendent l'eau

insalubre par infiltrations. Commençons d'abord par éloigner les fumiers; et, après avoir vidé et nettoyé le puits, mettons-y un sac de charbon. Cette simple et facile opération suffit en ce cas, mais si l'eau a mauvais goût pour une tout autre cause, quelques kilogrammes de noir animal suffiraient.

88. — D. Indiquez un moyen simple et économique de filtration des eaux d'une mare ?

R. On défonce par un bout un tonneau, on perce de trous le fond resté en place, on met à l'intérieur une couche de gros gravier, par-dessus ce gravier du sable fin, ensuite une couche de charbon de bois concassé, puis encore du sable. Pour assujettir le tout, on se servira d'une toile ou du fond préalablement enlevé et aussi percé de trous qui feront pression sur ces matières. On plonge alors le tonneau aux trois quarts dans la mare, ayant soin de laisser un intervalle en dessous au moyen de grosses roches ; il est évident que l'eau pénétrera dans le tonneau par le dessous et, traversant les couches indiquées, se débarrassera des matières nuisibles, et le bétail pourra boire dans

l'intérieur du tonneau une eau saine et
potable.

89. — D. Quelle est la vitesse calculée de la lumière ?

  R. La vitesse de la lumière provenant du soleil, peut être estimée à 70 mille lieues
  par seconde. La même vitesse se produit
  aussi avec la lumière électrique.

90. — D. Que veut-on exprimer en disant atomes
  ou molécules ?

  R. Lorsqu'un corps est d'une telle finesse ou
  ténuité, qu'il est impossible même avec
  les meilleurs microscopes de l'apercevoir,
  on désigne ses parties, qui sont encore
  une division de ce corps, par les mots
  atomes ou molécules.

QUATRIÈME LEÇON

Formation des matériaux composant la croûte terrestre. — Origine des sédiments terrestres. — Formation de la terre arable d'argile, de sable et de calcaire. — Développement de la quatrième leçon, appliqué à l'Agriculture.

MESSIEURS,

Nous avons vu, dans la première leçon, comment la croûte terrestre a dû se former, mais si nous nous étendions sur la formation des matières géologiques qui ont apporté leur concours à la formation des terres arables ou sédimentaires, (1) ces explications nous entraîneraient trop loin. Bornons-nous donc à dire, qu'après le refroidissement du globe, les matériaux qui composent la croûte terrestre s'agglomérèrent par masse, suivant leur pesanteur et leur

(1) *Sédimentaires*. — Matières des couches géologiques du globe formées sous l'eau.

degré de fusibilité; par exemple, la silice (1) s'est so-
lidifiée la première, car c'est le minéral le moins fu-
sible. Vinrent ensuite les roches plutoniques qui se
solidifièrent et qui forment la masse presque tout entière de la croûte terrestre: on les appelle plutoniques, parce qu'elles se sont formées sous l'empire
du feu. Ces roches sont de diverses sortes tels que
les granits, les gneiss, les porphyres, serpentines,
basaltes, etc., etc. Dans quelques-unes de cès roches
les grains sont simplement agglomérés, rudes à l'œil
et au toucher comme dans les granits ; dans d'autres, les grains sont fondus les uns dans les autres
et peuvent recevoir le plus brillant poli, présentant
des nuances diverses ; dans d'autres, la couleur est
uniforme. Nous le savons par l'étude de la première
leçon, l'eau dans ces âges géologiques était à l'état
de vapeur dans l'atmosphère ; et, lorsqu'elle put se
condenser et tomber par torrents, elle refroidit la
masse en fusion, pénétra au sein des roches plutoniques, put circuler sur les pentes et se rassembler
dans les cavités pour y former des lacs et des mers ;
il y eut un grand combat chimique, mais laissons
parler M. Mazure: (Cours d'Agriculture, page 230.)

 « L'acide carbonique et les autres gaz de l'atmos-
» phère se dissolvèrent dans l'eau et attaquèrent les
» roches plutoniques. De la surface de ce conflit entre

______

(1) *Silice.* — Minéral formé d'acide silicique.

» les éléments chimiques de l'atmosphère et les élé-
» ments des roches plutoniques, résulta la forma-
» tion des matières pulvérulentes et amorphes (1),
» qu'on désigne sous le nom de roches neptunien-
» nes, parce qu'elles sont formées sous l'empire de
» l'eau (2) et plus souvent encore sous celui de ter-
» rains de sédiment.

» Voici les effets de ce grand combat chimique :
» les agents actifs, les acides (carbonique, phos-
» phorique, sulfurique, chloridrique, etc...) ont at-
» taqué les silicates des roches plutoniques, ont
» chassé la silice et lui ont pris ses bases (potasse
» et soude, chaux et magnésie).

» Le silicate d'alumine a résisté presqu'entière-
» ment à leur action ; il a sauvé avec lui de petites
» quantités d'autres silicates (d'oxide de fer, de po-
» tasse et de soude, de chaux et de magnésie), et a
» formé avec eux une première espèce de sédiment,
» appelé argile. En sortant des roches plutoniques,
» l'argile était à l'état de poussière d'une tenacité
» extrême ; mais déposée au fond des mers elle a
» pris la consistance d'une pâte compacte (glaises).
» Les acides unis aux bases ont formé des sels (car-
» bonates, phosphates, sulfates et chlorures, etc..
» de potasse et de soude, de chaux et de magnésie),

(1) *Amorphe.* — Irrégulier, sans forme.

(2) *Neptune,* — en mythologie, est le dieu des eaux.

» etc... Ces sels peuvent être divisés en deux grou-
» pes, d'après leurs propriétés physiques.

» 1° *Les sels solubles dans l'eau*, ce sont : 1° tous les
» sels de potasse et de soude ; 2° tous les chlorures ;
» 3° une partie des sulfates ; la plupart sont restés en
» dissolution dans l'eau des mers ; le plus abondant
» est le chlorure de sodium (sel marin, sel de cui-
» sine).

» 2° *Les sels insolubles*. Le plus abondant de beau-
» coup est le carbonate de chaux ; ce sel accompa-
» gné des phosphates et sulfates de chaux, et des
» carbonates et des phosphates de magnésie, cons-
» titue une deuxième espèce de sédiment appelé
» calcaire ; ce calcaire résultant d'actions chimiques
» était d'abord à l'état pulvérulent ; mais déposé
» sous les eaux, il s'est réuni en masses plus ou
» moins compactes (pierres, moellons) etc. Une par-
» tie est restée pulvérulente comme l'argile, une au-
» tre granuleuse comme le sable.

» Dans l'attaque, la silice mise en liberté a formé
» d'abord une gelée ; puis la gelée, se desséchant à
» l'air, s'est par l'effet de la cohésion rassemblée en
» masse, sous la forme d'une infinité de petits grains ;
» elle a constitué une troisième espèce de sédiment,
» le sable. Cependant, après l'attaque et la désagré-
» gation des silicates qui formaient la pâte des ro-
» ches plutoniques, les grains de quarz de ces ro-
» ches devinrent libres et formèrent un sable com-

» posé de grains cristallisés, plus ou moins volumi-
» neux ; ce sable est formé surtout de quarz, mais il
» contient dans sa masse une assez grande quantité
» de grains de silicates qui ont été désagrégés avant
» d'avoir subi une décomposition complète.

» Les masses de sable fin et gros sont le plus
» souvent restées sans consistance (sables des riviè-
» res). Il y a plus, les eaux dans leur mouvement
» ont détaché et entraîné des fragments plus gros,
» des cailloux et des pierres.

» En résumé, cinq espèces d'éléments ont pris
» naissance dans la décomposition des roches plu-
» toniques :

» 1° Des sels solubles dans l'eau ;
» 2° Du calcaire, ou resté pulvérulent, ou devenu
» sableux, le plus souvent réuni en masses plus ou
» moins compactes ;
» 3° De l'argile, en poussière extrêmement fine ;
» 4° Du sable, en grains de toutes grosseurs ;
» 5° Des fragments très-gros, pierres et cailloux.

» Ces quatre derniers éléments ont fourni la ma-
» tière des sédiments terrestres.

» *Pour la formation des terrains de sédiment*, l'eau
» condensée à la surface du globe a entraîné avec
» elle ces éléments au fond des mers, où ils se sont
» déposés successivement.

» 1° Les fragments volumineux, pierres, cailloux
» et graviers de toute nature, se sont déposés les

» premiers et ont formé les assises inférieures du
» terrain.

» 2° Le sable en grains s'est déposé ensuite, tan-
» tôt sous forme de grès où ses grains sont aggluti-
» nés, tantôt sous forme de sable.

» 3° L'*argile*, formée à l'état de poussière, est restée
» plus longtemps en suspension dans les eaux en
» mouvement ; elle s'est ensuite déposée en couches.
» Dans quelques cas géologiques, la chaleur des
» couches intérieures du globe, restées en fusion, a
» calciné la couche argileuse et l'a transformée en
» schistes (l'ardoise est une variété de l'argile
» schisteuse). Dans d'autres cas, se sont formées
» des couches de glaises où le sable, resté en retard
» dans son dépôt sous-marin, se trouve mélangé à
» l'argile en proportions plus ou moins grandes.

» 4° *Le calcaire pulvérulent* est, de tous les produits
» de la décomposition des roches plutoniques, celui
» qui peut rester le plus longtemps en suspension
» dans l'eau, car il est le plus léger. C'est pourquoi,
» dans les terrains de sédiment, les dépôts qu'il y
» forme offrent les différences les plus grandes dans
» leur constitution physique. Les marbres, la pierre
» lithographique, les pierres calcaires à bâtir, la
» craie, la marne, en sont les variétés principales.

» 5° Enfin les *sels solubles* restent en dissolution
» dans l'eau des mers où nous les retrouvons encore.
» Tel est encore le sel marin (chorure de sodium),

» tels sont les chlorures et les sulfates de potasse, de
» soude et de magnésie.

» REMARQUE. — En général, dans les terrains de
» sédiment du globe terrestre, le sable, l'argile et le
» calcaire sont séparés dans les différentes couches ;
» mais ils ne le sont pas complétement. C'est toujours
» l'un des trois qui domine et donne au sédiment
» ses caractères ; mais les deux autres s'y trouvent
» mélangés en proportions plus ou moins fortes. »

Nous voyons donc, par ce rapide exposé et cette
citation la terre arable se former (1) d'argile, de
sable et de calcaire, ces trois matières principales
du sol. Mais les eaux étaient encore en possession
de nos continents actuels où pullulaient déjà de
nombreux animaux à coquilles qui vinrent aussi,
comme nous l'avons déjà dit, apporter leur contingent calcaire à la formation du sol que l'on exploite
sous le nom d'amas ou terrains coquilliers, à cause
de leurs richesses en carbonate de chaux. Les eaux,
en se retirant dans leurs limites, déposèrent, dans
certaines parties du globe, les matières terreuses,
sables et roches, qu'elles entraînaient à leur suite ou
qu'elles tenaient en suspension, ce sont ces terrains
que l'on nomme terrains d'alluvion. La terre, alors
débarrassée de ses eaux, l'air plus pur, la tempéra-

____

(1) Arable, vient du mot latin *arrare*, labourer ; *arabilis*,
labourable.

ture plus basse, put alors produire des plantes et des animaux, d'abord d'une espèce inférieure et de leur débris former un nouvel élément le terreau ou humus qui vint s'ajouter à l'argile, au sable et au calcaire.

De nos jours, la décomposition moléculaire des roches vient sans cesse s'ajouter à la couche arable et former de nouvelles couches terreuses par l'action chimique de l'oxygène, de l'acide carbonique et de la vapeur d'eau, par l'effet mécanique de la pluie, des vents, du froid et de la chaleur ; car l'eau, en pénétrant dans les roches, vient-elle à se congeler, elle fait l'effet du coin, elle brise, désagrège les molécules, les détache de la masse, puis, emportées par les vents, elles viennent donner à la végétation, potasse, soude et calcaire (1).

Dans la composition des roches plutoniques, on ne trouve pas d'hydrogène, de carbone, d'azote, de phosphore ni de chlore, parce que ces éléments étaient répandus dans l'atmosphère à l'état de vapeur d'eau, d'acide carbonique, d'acide phosphorique et d'acide chloridrique. L'azote et l'oxygène étaient à l'état libre, comme de nos jours.

Cette composition des roches explique pourquoi les terres provenant de leur décomposition, par exemple, la Bretagne, sont riches en potasse et en soude, mais pauvres en phosphate ; aussi les engrais

(1) Voir la potasse à la VIII⁰ leçon.

4

phosphatés y font-ils merveille, car le phosphore n'est plus dans l'atmosphère pour agir sur ces roches, les eaux des mers s'en sont emparées et nous avons tous vu, par une belle nuit d'été, la mer phosphorescente briller de feu au moindre mouvement de ses eaux.

DÉVELOPPEMENT

DE LA

QUATRIÈME LEÇON

Appliqué à l'Agriculture.

---

91. — D. Les sables de mica et de feldspath, peuvent-ils servir comme engrais à la nourriture des plantes ?

R. Oui, les couches micaschistes appartiennent aux terrains primitifs, ils durent se refroidir les premiers avec les granits, les gneiss, les schistes argileux et les roches en feuilles pour former une croûte solide, ce sont des paillettes brillantes, couleur d'or, onctueuses au toucher qui, de même que les parcelles blanches et laiteuses de feldspath, mêlées au sol, deviendront friables et assimilables pour les plantes en perdant leur dureté et cèderont au sol, silice, potasse et soude. Le mica et le feldspath sont les éléments du granit.

92. — D. Ne pourrions-nous pas citer des roches géologiques ou de formation qui peuvent servir d'engrais aux plantes ?

R. Nous pourrions citer les roches à polypiers dont on trouve des gisements considérables en Belgique ; cette roche poreuse où le carbonate de chaux domine a la propriété de se nitrifier naturellement ; réduite en poussière et mélangée aux fumiers, la propriété de ce calcaire se manifeste en fournissant en abondance des nitrates qui sont un puissant engrais pour les plantes.

Près le village de Logrosan, en Espagne, il existe un gisement de phosphate de chaux tellement important, que les habitants qui ignoraient la nature et la valeur de cette pierre, s'en servaient à des constructions de bâtisses ; ce n'est que depuis peu de temps que ses propriétés comme engrais ont été découvertes et appréciées ; aussi l'extraction est devenue une fortune pour ce petit village qui en exporte des quantités considérables en France et en Angleterre.

D'autres espèces de roches, par leur désagrégation naturelle ou leur pulvérisation par la main de l'homme, apportent aussi d'autres éléments de nutrition aux plantes, tels que potasse, silice, phosphate, mais bornons-nous à ces citations anticipées sur les leçons qui nous restent à étudier ; ce que nous avons voulu constater, c'est que les matériaux qui composent la croûte terrestre viennent apporter leur contingent à la nutrition des plantes, que l'étude de ces matériaux, leurs analyses, leurs propriétés, peuvent rendre d'immenses services à l'agriculture, que ces roches, si longtemps regardées comme inutiles ou négligées avec tant d'insouciance, peuvent se transformer, par la science industrielle de l'homme, en plantes fourragères, céréales et textiles qui, à leur tour, se transformeront en pain, viande, vêtements, etc. ; alors, comme nous l'avons dit dans les conseils de la première leçon, nous croirons-nous encore assez instruits pour être agriculteurs ? et ne commençons-nous pas à reconnaître que nous n'en saurons jamais assez pour embrasser cette noble profession ?

93. — D. Qu'appelle-t-on terrains granitiques?

R. Ce sont ceux qui, au-dessous de la terre arable, contiennent du granit. Ces terres sont généralement légères, car la terre arable s'étant formée par le délitement de ces roches, il en résulte un terrain sableux qui demande beaucoup d'engrais et principalement des calcaires.

94. — D. Qu'est-ce que le schiste ? A-t-il formé les terres argileuses?

R. Le schiste est une pierre verdâtre, tendre et feuilletée ; on appelle les terrains qui en sont formés, schisteux. Les schistes sont quelquefois rouges, quelquefois bleuâtres ; ces derniers peuvent se diviser en feuillets très-minces et forment l'ardoise. Les sols schisteux sont riches en argile, toutes les roches du sous-sol se sont désagrégées par l'action de la pluie, du froid, du gel et du dégel et, pulvérisées, réduites en poussières, elles ont formé la terre arable par leurs débris. La couche superficielle est donc le plus généralement composée des mêmes éléments que le sous-sol, sauf les terrains d'alluvion. On appelle tuf dans le pays, le schiste qui est mou, rouge, tendre ou feuilleté et qui cependant n'est attaquable que par la pioche; ce sous-sol est plus perméable que celui qui est tout à fait dur; mais, placé trop près du sol arable, il nuit à la qualité de la terre. Le schiste, dont on se sert pour construire et que l'on nomme pierre à cahos, forme un sous-sol très-nuisible, lorsqu'il est à la surface; les terres qui le recouvrent sont souvent rougeâtres et de mauvaise qualité, elles sont sèches en été et humides en hiver.

CINQUIÈME LEÇON.

Classification des terres arables. — Sols argileux. — Amendements des sols argileux. — Sols siliceux. — Amendements des sols siliceux. — Sols calcaires. — Amendements des sols calcaires. — Sols humifères. — De l'humus. — De l'oxyde de fer. — Développement de la cinquième leçon, appliqué à l'agriculture.

MESSIEURS,

Nous venons, dans les précédentes leçons, d'assister à grands traits à la formation du globe, nous passerons aussi rapidement sur la composition des terres arables, conseillant d'avoir recours à l'excellent ouvrage de M. Mazure, tome II de ses Leçons d'Agriculture (1).

Classification des terres arables. — Nous clas-

(1) Librairie agricole de la Maison rustique, rue Jacob, 26, Paris.

serons les terres arables en quatre divisions principales : les sols argileux; les siliceux, les calcaires et
les humifères.

Les sols argileux seront ceux où l'argile domine,
les siliceux où le sable se trouve en plus grande
proportion. Les calcaires, ou le calcaire possède
une influence sensible, et les humifères où le terreau se trouve en proportion de plus de 10 %,
proportion que le cultivateur peut toujours augmenter à son gré en introduisant des matières organiques dans le sol.

Pour baser notre classification, supposons une
terre composée de 20 à 30 % d'argile, de 50 à 70 %
de sable, de 5 à 10 % de calcaire pulvérulent et de
5 à 10 % d'humus. Cette terre remplirait toutes les
conditions exigées pour un sol fertile; mais, dans les
terres arables, il n'en est pas toujours ainsi et leur
classification serait interminable, si nous déplacions
les mots comme la nature a déplacé les proportions
d'argile, de silice et de calcaire sur la surface du
globe en formation. Aussi s'il nous fallait, dans
cette classification, suivre pas à pas les subdivi-
sions du sol, nous dirions d'un terrain, selon sa nature dominante, qu'il est argilo-silico-calcaire, ou
bien silico-argilo-calcaire; ou bien encore s'il
manque de calcaire, il prendra la dénomination
d'argilo-sableux, ou silico-argileux, et l'on a besoin
de les distinguer ainsi, car tous ces terrains n'ont

4*

pas des qualités agricoles égales et présentent même souvent des différences opposées.

Bornons-nous donc à étudier les qualités et les défauts de ces quatre grandes divisions principales, tout en y comprenant l'humus qui n'est qu'une terre composée de matières organiques en décomposition, il est vrai, mais qui sans sa présence dans la terre arable rendrait tout sol impropre à la culture des plantes.

Sols argileux, alumineux. — Comme nous l'avons déjà dit, l'argile provient de la désagrégation des roches plutoniques, elle est composée de 52 parties de silice, 33 d'alumine et 15 d'eau. On y trouve aussi de l'oxyde de fer libre et d'autres éléments chimiques, mais, pour être exact, il faudrait faire une analyse de chaque terre argileuse pour en déterminer la composition.

L'argile retient l'eau avec une grande ténacité, elle en conserve 70 % de son poids et ne la laisse échapper que difficilement ; en cet état d'humidité, elle est plastique, tenace, imperméable à l'air et forme une pâte molle, malléable, qui adhère aux outils et qui, sous la main du potier, peut prendre toutes sortes de formes. C'est de l'argile que M. Sainte-Claire Deville a découvert l'extraction chimique et industrielle de ce métal blanc, connu sous le nom d'aluminium. Ne rendant l'eau que difficilement par évaporation, les hivers rigoureux sont à craindre

dans de tels sols ; car, à cause de cette grande humidité, les racines des plantes pourrissent ; surviennent
ensuite les gelées qui les brisent par l'effet d'expansion et la récolte est compromise. L'argile est bonne
conservatrice des engrais et s'empare des gaz ammoniacaux et les conservent dans ses particules pendant un long espace de temps. C'est pour cela qu'une
première fumure appliquée à un sol argileux produit
peu d'effet, il faut qu'il soit saturé d'engrais pour
que cet effet soit efficace. Difficile à travailler, l'argile se divise en mottes qui, exposées au soleil, ac-
quièrent la dureté de la pierre : dans cet état, elle
est encore imperméable à l'air. Sous l'influence
d'une sécheresse prolongée, le sol argileux se fend
et produit sur les racines des plantes le même effet
désastreux que la gelée.

Tous ces graves défauts des terres argileuses ne
doivent point pour cela nous faire abandonner ou
négliger leur culture, car ce sont les plus fertiles
lorsqu'elles sont sous la direction de cultivateurs
intelligents. Il est donc nécessaire de chercher l'application d'un remède à tous ces défauts par des
amendements qui rendront le sol fertile, car l'argile
est la base de la fertilité quand on la rencontre dans
une certaine proportion de 20 à 30 %.

Amendements des sols argileux. — L'argile
brûlée perd sa force de cohésion et ne redevient
jamais plastique, alors les gaz de l'atmosphère

peuvent la pénétrer, l'addition de calcaire, chaux, sablons ou tangues y apportent une grande fertilité. Mais si l'argile domine dans un sol qui est formé exclusivement de terre à brique et à poterie, il faut employer le feu des fourneaux, lorsque le combustible peut être mis en usage avec économie de dépenses. Toute espèce de combustibles est bon à cet effet, d'abord l'écobuage des mottes que l'on fait sécher au soleil avant d'en composer les fourneaux, les épines, les ronces, les bruyères, en un mot, tout ce qui brûle est bon pour cette opération. Tout le monde connaît la manière de former et diriger des fourneaux, nous n'entrerons donc pas dans les détails de leur confection. Qu'il nous suffise de dire que lorsqu'ils sont refroidis, on brise les mottes de terre qui les recouvraient avec une tête de pioche et, si le feu a été bien conduit, un seul coup les réduit en poussière ; cette terre brûlée ainsi que les cendres de fourneaux sont mélangées au sol par un labour, ayant soin d'y ajouter un bon marnage ou chaulage et surtout une copieuse fumure, car le feu a détruit l'humus, le fumier, en un mot, toutes les matières organiques qui se trouvaient dans le sol.

Pour les sols moins argileux que celui qui vient d'être le sujet de notre étude et qui peuvent se classer dans la catégorie que l'on nomme les terres fortes, pour les assainir, souvent un mélange de sable qui se trouve quelquefois dans le sous-sol, de cendres ou de platras, un drainage suffit pour les rendre propres à toutes cultures. Éviter le trop d'humidité du sol, rendre la terre perméable à l'air et assez meuble pour permettre aux outils de la bien travailler et l'empêcher de se fendre sous une sécheresse prolongée, voilà les résultats que doit chercher à obtenir le cultivateur intelligent. Pour y parvenir, il ne devra point négliger l'emploi des vieux mortiers provenant des démolitions, les cendres de houilles des usines et des gares de chemins de fer dont les administrateurs sont souvent embarrassés, les cendres de forges que les forgerons des villes jettent aux vidanges et qui se trouvent perdues pour l'agriculture, les culots des fours à chaux et à plâtre, un abondant tannéage du sol, dont nous nous occuperons spécialement lorsque nous traiterons les engrais, qui, chose essentielle, introduira l'humus: tous ces amendements sont précieux pour les terres fortes.

On ne devra pas oublier aussi que les sols argileux bien amendés paient largement par leur fertilité les sacrifices que l'on a fait pour eux, qu'ils exigent de copieuses fumures en paillis, des labours réitérés pour ameublir le sol, des hersages et l'emploi du rouleau pour briser les mottes, des binages profonds et fréquents pour empêcher la terre de former une croûte qui serait nuisible à l'aération du sol et, par conséquent, à la prospérité des récoltes. Par ces amendements successifs, le cultivateur doit chercher à ramener son sol argileux à l'expression suivante : 30 % d'argile, 50 à 70 % de sable, environ 5 % de calcaire pulvérulent et 5 à 10 % d'humus. Alors il sera encore en possession d'une terre forte, il est vrai, mais d'une bonne terre à blé, pouvant facilement se travailler et faisant une faible effervescence avec les acides.

Sols siliceux. — Les sols siliceux, où le sable domine seul, ont la proportion suivante. Moins de 10 % d'argile, plus de 80 % de sable, moins de 5 % de calcaire pulvérulent, plus de 5 à 10 % de terreau.

Ce sol est friable, meuble, bon pour les pépinières, s'égrène au moindre effort quand on veut le mettre en mottes, produit une faible effervescence avec les acides ; très-sec, très-chaud, très-perméable et, par conséquent, mauvais conservateur de l'humidité, très-peu conservateur des engrais, assez actif, très-pauvre en engrais minéraux et organiques, le manque de consistance du sol détermine une perméabilité trop grande et une tenacité trop faible ; le desséchement détermine un échauffement trop facile et trop grand, un épuisement des engrais organiques et, par conséquent, une pauvreté en engrais, due à l'évaporation de leurs produits.

Ces défauts pourraient être corrigés en partie par

une addition d'argile, et nous aurions l'expression suivante :

Argile 20 0/0 ; sable 70 0/0 ; calcaire 5 0/0 ;
humus 5 à 10 0/0.

En général, les sols siliceux varient du blanc au rouge, suivant la quantité d'oxyde de fer qu'ils contiennent, et possédent des caractères opposés à l'argile. S'égrenant facilement sous les doigts, ils ne sont pas plastiques et perdent promptement leur humidité, n'en pouvant retenir que 25 0/0 environ. La sécheresse cause donc des désastres dans ces sols brûlants.

Amendements des sols siliceux. — Le moyen le plus sûr et le plus économique, c'est une addition d'argile qui se rencontre dans bien des cas dans le sous-sol, comme nous l'avons dit pour le sable qui se rencontre aussi dans le sous-sol argileux. Un mélange rationnel d'après les chiffres précédents doit être opéré, ayant soin de bien réduire l'argile en poussière par un temps sec, car l'argile mouillée resterait en motte et ne s'amalgamerait point avec le sable, ce serait un travail à recommencer ; mais lorsqu'elle est bien réduite en poussière par un temps sec, le mélange est parfait et les résultats satisfaisants. L'addition de calcaire pulvérulent (et si nous nous servons de cette expression, c'est que, pour constituer une terre arable, il doit de toute né-

cessité être réduit en poussière et non à l'état de roches, marbres, etc. Cela fait, après le mélange de l'argile avec le sable, on peut employer la chaux carbonatée avec mélange de terre, la tangue, les sablons, etc. Pour y maintenir la fraîcheur, le tannéage
sera d'une importance capitale à cause de l'humus
qu'il intro luira. Les vases de marais et d'étangs, les
curures des fossés mélangées avec des cendres ou
des engrais de bêtes à cornes, et nous verrons, en
traitant les engrais, pourquoi nous disons à dessein :
engrais de bêtes à cornes, produisent d'excellents
résultats. Les fumures en vert de sarrasin, les herbes de toutes natures grossièrement hachées et enfouies fraîches produisent un bon effet. Il ne faut
donc rien négliger pour donner de la consistance au
sol, car souvent on rencontre, sur le bord de la mer,
des dunes colorées en rouge à cause de la présence
de l'oxyde de fer qui attire et fixe sous forme d'ammoniaque l'azote de l'atmosphère, qui pourraient
être portées à un haut degré de fertilité, si le sol
mouvementé par les vents permettait aux plantes
de s'y fixer solidement.

Sols calcaires. — Nous traduirons les sols calcaires par l'expression suivante où le calcaire pulvérulent domine seul.

Argile, moins de 10 0/0 ; sable calcaire, 50 à 70 0/0 ; calcaire
pulvérulent, plus de 10 0/0 ; humus 5 à 10 0/0.

Cette terre est marneuse, exploitable, se tasse en

mottes en blanchissant les doigts; durcie, elle se dé-
lite à l'air humide, elle fait vivement effervescence
avec les acides; assez tenace, peu conservatrice des
engrais, très-active, riche en engrais calcaires, pau-
vre en engrais organiques, desséchement et échauffement excessif pendant l'été, humidité très-grande
pendant la saison pluvieuse, épuisement rapide des
engrais organiques.

Il résulte de l'examen que nous venons de faire
que la matière calcaire est presque infertile seule
et qu'il faut le concours des trois principaux éléments constituant bien heureusement la grande majorité des sols, argile, silice et calcaire; que chacun
de ces éléments séparés donne un sol impropre à la
culture; que deux de ces éléments réunis font une
terre médiocre et qu'il faut le concours des trois
pour obtenir la fertilité.

Les sols calcaires formés de chaux à l'état de carbonate, contenant une quantité plus ou moins grande
d'argile et de silice, sont les moins favorables à la
culture des arbres fruitiers; leur couleur blanche
repousse l'action des rayons solaires.

Amendements des sols calcaires. — Le mélange
d'argile et de sable est un bon amendement pour ces
sols; la quantité à y ajouter est déterminée selon la
consistance de la terre à amender; mais il faut choi-
sir de préférence, pour mêler aux sols calcaires, des
matières fortement colorées afin de corriger cette

couleur blanche qui, comme nous l'avons dit, ne donne point prise à l'action solaire : Les frasiers de forge qui, comme nous l'avons dit aussi, sont presque partout abandonnés par les forgerons dans les terrains de nulle valeur qui avoisinent les villes et qui servent de dépôt à toutes sortes de débris, remplissent parfaitement le but désiré.

C'est donc au cultivateur à chercher à se rapprocher le plus possible par des amendements des terres parfaites, des loams qui sont exprimés dans la proportion suivante approximative (1), 30 0/0 d'argile, 30 à 40 0/0 de silice, 10 à 30 0/0 de calcaire et 10 0/0 d'humus.

Souvent le sous-sol, comme dans les explications précédentes, fournit lui-même l'amendement nécessaire sans aller le chercher au loin. Dans ce cas, le mélange du sol avec le sous-sol produit le meilleur effet. Un tannéage et des engrais pour donner de l'humus, car disons avant de terminer ce qui est relatif au sol, que les loams eux-mêmes seront infertiles, s'ils ne contiennent pas une certaine quantité d'humus, au moins de 5 à 10 0/0.

Sols humifères. — (2). L'humus, comme nous allons le voir, est tout aussi nuisible que les autres éléments du sol lorsqu'il est comme eux dominant

(1) Tous ces chiffres ne sont qu'approximatifs, pour rendre plus saillante l'étude des différents sols.

(2) Humifère — qui apporte l'humidité.

dans la composition d'une terre arable : la proportion suivante fera parfaitement comprendre l'excès, supposons une terre où le terreau domine seul, exprimée par :

Argile, moins de 10 0/0 ; sable, moins de 50 0/0 ; calcaire pulvérulent, moins de 5 0/0 ; humus, plus de 30 0/0.

Alors nous aurons un terrain de tourbes, de marécages, la terre sera noire, acide dans la plupart des cas, très-légère, sans consistance, ne faisant même pas effervescence avec les acides, odeur fétide, putride, très-aérable, trop humide, très-chaude en temps de sécheresse, très-meuble, très-perméable, sans tenacité, trop conservatrice des engrais, peu active, malsaine à cause des matières organiques en excès, enfin peu propre à la culture sans l'apport d'amendements énergiques et le mélange rationnel des autres éléments qui doivent constituer, comme nous avons cherché à le démontrer, une terre arable bien équilibrée dans ses proportions. L'humus, comme nous allons le voir, n'est point considéré comme un engrais, malgré qu'il provienne de la décomposition des végétaux et des matières animales. L'humus fournit aux plantes l'azote provenant des végétaux dont il est formé, il leur fournit du gaz acide carbonique, et forme au pied de la plante et sous l'abri de ses feuilles, une atmosphère surchargée de cet acide. (Les plantes, comme nous le verrons par la suite, absorbent l'acide carbonique par les racines et par les feuilles.) L'humus est d'autant plus efficace sur la végétation qu'il possède, comme les corps poreux, la faculté de s'emparer et de condenser les gaz qui l'entourent. Ces gaz sont restitués par l'élévation de la température, ou par l'humidité qui les chasse des vacuoles. L'humus est donc un réservoir ou récipient de substances nutritives placé au pied de la plante. Il nous est facultatif d'introduire une plus ou moins grande quantité d'humus ou terreau dans le sol, et par conséquent d'activer la végétation de nos plantes à notre gré, si nous savons bien composer et employer nos engrais, et nous verrons que le tannéage en agriculture deviendra une source féconde d'humus pour le cultivateur.

De l'humus. — L'humus, dans les forêts et les terrains incultes, est produit par les feuilles et les tiges des plantes, qui périssent chaque année et se décomposent sur place ; dans les terres cultivées les engrais apportent leur part à la production de cette matière. L'humus peut donc être considéré comme le résultat de la décomposition spontanée des matières organiques abandonnées sur le sol ; mais il diffère suivant qu'il doit son origine aux matières végétales ou aux matières animales. Tous les savants ne sont pas d'accord sur la qualité nutritive de l'humus : M. Hartig, après avoir fait végéter des plantes de fèves dans une eau saturée d'humus, n'a pas trouvé que cette substance ait sensiblement diminué de quantité. M. de Saussure est arrivé à un résultat contraire. Nous ne pouvons entrer dans ces discussions de pure physiologie végétale, bornons nous à constater que, si les plantes ne s'approprient pas directement l'humus, la présence de celui-ci dans les terrains cultivés n'en est pas moins indispensable, et qu'une terre est d'autant plus fertile qu'elle en renferme une proportion plus considérable. Nous n'avons pas besoin de prévenir que nous ne voulons parler que des terres franches et non des terres tourbeuses, qui font exception à la règle générale. Les proportions d'humus qui se rencontrent dans les terrains varient dans des limites assez étendues. Suivant Thaër, les bonnes terres argileuses doivent en contenir au moins 5 à 6 0/0, le même auteur en a rencontré jusqu'à 11 1/2 pour cent dans des terres excessivement fertiles. Les sables en exigent davantage que l'argile.

L'humus peut se rencontrer à deux états différents, à l'état neutre et à l'état acide. Le premier se désigne sous le nom de humus doux, il fertilise directement; le second, au contraire, produit des effets nuisibles, tant que son acidité n'est pas neutralisée; on le reconnaît à la propriété qu'il possède de rougir les couleurs bleues végétales. Les propriétés malfaisantes qu'il communique au sol qui le renferme peuvent être corrigées par l'emploi de la chaux ou de la marne dont le principe calcaire sert à neutraliser l'acide. Si la vertu nutritive de l'humus est contestée, nous allons signaler les propriétés précieuses pour l'agriculture, que tous les agronomes s'accordent à lui reconnaître. Sa présence divise le sol et lui communique la faculté de soutirer de l'air une plus grande quantité d'eau pluviale, et de la refuser avec plus de force à l'action desséchante de l'air et de la chaleur solaire. Comme l'eau est le seul fluide qui puisse transmettre les aliments dans les vaisseaux des plantes, il en résulte que cette propriété hygrométrique de l'humus le rend très-favorable au développement de la végétation. L'humus, par sa consistance spongieuse, possède la puissance d'absorber les matières gazeuses dont les plantes se nourrissent. Peu conducteur du calorique, il s'échauffe lentement; mais aussi il ne perd que graduellement la chaleur qu'il a absorbée. Cette propriété préserve les racines des plantes des passages brusques d'une température à une autre. L'humus, premier terme de décomposition organique, se réduit incessamment en des éléments plus simples encore, au nombre desquels se trouve l'acide carbonique; celui-ci, se trouvant immédiatement en contact avec le sol, y rend solubles peu à peu le phosphate de chaux et les alcalis retenus fortement dans des combinaisons siliceuses. Les autres produits de sa décomposition sont des matières gazeuses d'une autre nature et dont la majeure partie peut être absorbée au profit de la végétation.

En somme, supposez que l'humus ne soit pas directement une substance alimentaire pour les plantes, ce qui n'est pas prouvé, il lui resterait encore, au point de vue physique, le rôle très-important de diviser le sol d'une manière utile et de lui communiquer des propriétés très-avantageuses et, au point de vue chimique, celui non moins profitable de simplifier ses éléments, dont les uns serviront de nourriture aux plantes, tandis que les autres extrairont du sol la matière minérale nécessaire à la végétation.

De l'oxyde de fer. — Nous venons de parler de la présence de l'oxyde de fer dans le sol arable, il nous reste, pour terminer, à donner quelques explications sur cet oxyde. La rouille du fer prend le nom d'oxyde de fer en chimie, c'est la combinaison de l'air humide de l'atmosphère avec le fer, rosée qui se dépose alors sur le métal et condense avec elle de l'acide carbonique et de l'oxygène ; alors, sous l'influence de l'acide carbonique, l'oxygène s'unit au métal et forme base (1). L'oxyde de fer ne se rencontre ordinairement mêlé avec l'argile qu'en très-petite quantité, pour altérer, par sa présence,

(1) Base en chimie : oxyde pouvant former un sel avec les acides. En science, fondement d'une série de faits ou de conséquences.

les propriétés physiques du terrain ; seulement, en modifiant sa couleur, il le rend apte à s'échauffer davantage et avec plus de facilité. Lorsque l'oxyde de fer existe en grande quantité dans l'argile, ce qui arrive rarement, il en augmente la cohésion. Nous l'avons dit : toutes les terres seraient blanches, sans sa présence, elles s'échaufferaient beaucoup moins, car la couleur blanche réfléchit les rayons solaires; les couleurs foncées, au contraire, les absorbent.

En général, plus la couleur d'un terrain est foncée, plus il s'échauffe avec facilité et à une grande profondeur; aussi, dans les pays froids, les terres rouges sont-elles regardées comme les plus fertiles. Le fer augmente la cohésion, l'alumine pure est moins compacte que l'argile à potier : plus l'argile contient de fer, plus elle est cohérente. L'oxyde de fer est d'ailleurs un corps insoluble dans l'eau qui ne peut produire aucun effet sur la nutrition des plantes.

DÉVELOPPEMENT

DE LA

CINQUIÈME LEÇON

Appliqué à l'Agriculture.

---

95. — D. Qu'est-ce que l'alumine?

R. L'alumine est la base chimique de l'argile et de l'alun ; les terres argileuses en contiennent des quantités considérables. M. Sainte-Claire Déville a trouvé le moyen chimique d'extraire l'alumine de la terre jaune, autrement dit de la terre argileuse, et en a formé un métal ayant beaucoup de ressemblance avec l'argent, connu sous le nom d'aluminium. L'aluminé est donc de l'argile à l'*état de pureté*.

96. — D. Qu'est-ce que l'oxyde de fer ?

R. L'oxyde de fer est un composé d'oxygène et de fer, vulgairement appelé la rouille,

5

il se trouve en abondance dans le sol qui sans lui laisserait la terre blanche; son rôle, dans le sol, n'est point la nutrition des plantes, mais de rendre la terre d'une couleur foncée qui permet à la chaleur de la pénétrer.

97. — D. Quel est le rôle de la terre arable dans la nutrition des plantes?

R. Son rôle est d'élaborer les aliments destinés à la végétation, c'est donc un vaste laboratoire dans lequel se préparent, se composent et se décomposent les matières minérales pour les rendre assimilables pour la nutrition des végétaux.

98. — D. Quelles sont les conditions qu'un sol doit remplir pour être fertiles?

R. 1º Il doit contenir suffisamment de matières alimentaires;

2º Etre suffisamment meuble pour que l'air puisse circuler dans son intérieur;

3º Etre assez consistant pour pouvoir servir d'appui solide aux racines;

4º Enfin, n'être pas trop tenace pour empêcher les racines de s'étendre.

99. — D. Quelle est la composition de la terre arable?

R. La meilleure terre arable serait celle qui

présenterait la composition de 20 à 30 %
d'argile, 30 à 40 % de silice, 10 à 30 % de
calcaire et 5 à 10 % d'humus.

100. — D. Qu'est-ce que l'argile ?

R. L'argile est une terre grasse qui se pétrit
facilement sous les doigts. La terre à
porcelaine est de l'argile blanche, pure ;
celle à brique, colorée en jaune ou rouge,
est impure, elle devient dure en séchant,
elle a la propriété d'absorber une grande
quantité d'eau, environ 70 % de son
poids et, dans les mêmes conditions de
poids et de temps, elle n'en laisse échapper que 22 % par l'évaporation.

101. — D. Le sol argileux est-il difficile à travailler ?

R. Oui, car sa division est difficile à la charrue et les mottes en séchant deviennent
dures. Dans un terrain humide l'argile
forme bourbier et les racines des plantes,
ne pouvant le traverser, pourrissent.
C'est le principal défaut de l'argile.

102. — D. L'argile possède-t-elle un pouvoir absorbant des matières nutritives pour les
plantes ?

R. Elle retient en réserve les substances nutritives contenues dans les fumiers ; à
l'eau de pluie elle enlève l'ammoniaque,

décolore le purin, et lui enlève tous les sels qu'il contenait, ne rendant aux plantes ces substances qu'avec une extrême lenteur.

103. — D. Combien un litre de terre d'argile peut-il absorber de matières nutritives?

R. 2,260 milligrammes de potasse,
2,600   id.   d'ammoniaque,
1,098   id.   de phosphate de chaux.
Ces matières ne seront cédées que peu à peu, par suite des lavages répétés des eaux de pluie.

104. — D. Dans la terre argileuse, l'action des engrais se fait-il sentir immédiatement aux récoltes?

R. Une première fumure se trouve retenue par la propriété absorbante de la terre argileuse et, pour ces terrains, il faut beaucoup d'engrais et principalement qu'il soit reparti dans toutes les parties du sol, afin que les racines trouvent facilement la nourriture. Pour que cette répartition soit complète, de bons labours, l'ameublissement du sol et plusieurs fumures sont nécessaires.

105. — D. Quelle est la composition chimique de l'argile?

R. Elle est composée d'alumine en proportions variables, de faibles quantités de potasse, de chaux, de magnésie et d'oxyde
de fer.

106. — D. Quelles sont les qualités des terres argileuses?

R. Sans argile, les terres seraient tellement
poreuses qu'elles ne seraient cultivables
que dans les endroits où on pourrait leur
donner un liant artificiel à l'aide de l'eau;
elle est aussi indispensable dans les terrains secs et chauds, là où la terre est dé-
pourvue d'eau ; aussi voyons-nous la
terre argileuse être très-fertile dans ces
régions, tandis que les sols les plus poreux sont les plus féconds dans les pays
froids et humides.

107. — D. Quels sont les moyens pratiques de corriger les défauts de l'argile dans une
terre arable?

R. C'est de la mélanger avec du sable pour
la rendre plus poreuse, ou bien encore
brûler cette terre à l'aide de fourneaux;
l'argile brûlée et réduite en poussière
perd de sa cohésion et n'est plus exposée
à durcir pendant les sécheresses, mais
après ces deux travaux d'amendement

du sol, une copieuse fumure est nécessaire, parce que les matières organiques,
tel que l'humus, se trouvent brûlées en
même temps que l'argile. La chaux, les
tangues, es sablons calcaires sont aussi
un bon amendement dans l.s terrains
argileux, ils les rendent plus meubles,
plus perméables à l'air et par conséquent
plus faciles à travailler.

108. — D. Quelles sont les propriétés du sable dans
une terre arable?

R. Le sable composé de grains de grosseurs
variables, quelle que soit la nature des
éléments qui le constituent, ne peut se
ramollir dans l'eau ; il ne peut comme
l'argile former pâte ni se pétrir sous les
doigts ; s'il s'imbibe d'eau avec une grande
facilité, il la laisse filtrer avec une rapi-
dité égale et ne retient que 20 à 30 0/0
d'eau. Le soleil fait évaporer promptement l'eau retenue par le sable.

109. — D. La sécheresse est-elle à redouter pour
les récoltes dans un terrain sablonneux?

R. Ce sol ne pouvant mettre comme l'argile
l'eau en réserve pour les plantes, elles
souffrent promptement de la sécheresse
et comme les grains de sable ont peu de

cohésion entre eux, ces grains deviennent mobiles, se déplacent et laissent les
racines des plantes à découvert.

110. — D. Dans les dunes, les sables mouvants, quelles sont les cultures qu'on peut y établir?

R. Aucune autre culture n'est possible dans
ces sols que celle des pins et encore faut-
il beaucoup de persévérance. Les routes
carrosables sont dispendieuses d'établissement et d'entretien : citons pour exemple la route du bourg de Batz au Croisic
qu'on n'est parvenu à rendre à peu près
solide qu'au moyen de tuffeau concassé,
et encore se trouve-t-elle souvent ensa-
blée par l'action des vents.

111. — D. Si l'on versait du jus de fumier, le pouvoir absorbant du sable ou grès serait-il
le même qu'au n° 102 pour l'argile?

R. Le purin filterait au travers du sable, ne
lui abandonnant que de petites quantités
d'ammoniaque et d'éléments minéraux;
de plus, un lavage à l'eau pure lui enle-
verait rapidement ce qu'il aurait retenu.
Le sable n'a donc pour les éléments nutritifs qu'un faible pouvoir absorbant, il
jouit donc des propriétés opposées à celles de l'argile.

112. — D. Une terre, composée exclusivement de sable ou exclusivement d'argile, serait-elle en de bonnes conditions de culture ?

R. Non, car ce qu'il faut aux plantes, c'est un mélange où chacun de ses éléments apporte ses propriétés qui lui sont particulières, car si l'argile donne de la liaison aux grains de sable, le sable rend l'argile plus poreuse, les proportions de l'un ou l'autre mélange doivent varier selon les climats, comme il l'a été expliqué au n° 106.

113. — D. Le cultivateur a-t-il intérêt à étudier la nature du sable qui compose ses terres ?

R. Oui, car si elles sont formées de grains de silice ou de grès, ce sable ne peut agir que mécaniquement sur le sol en le rendant plus poreux, puisqu'il est insoluble dans l'eau, et n'étant point assimilable, il ne peut rien céder de sa substance pour alimenter les plantes, tandis que nous avons vu qu'au n° 91 les sables de mica et de feldspath perdront leur dureté, deviendront assimilables et fourniront une nourriture aux plantes.

114. — D. Le sable peut-il renfermer d'autres éléments de fertilisation ?

R. Lorsqu'il renferme du carbonate de chaux, ce sable est calcaire et propre surtout à la culture des plantes légumineuses. Le mélange de ce sable dans les terres argileuses agit à deux points de vue différents ; mécaniquement il divise le sol et apporte à l'argile ce qui lui manque de carbonate de chaux. On extrait ce sable dans de nombreuses localités d'Ille-et-Vilaine, et on l'emploie comme engrais sous le nom de sablon calcaire.

115. — D. Une terre formée exclusivement de calcaire constitue-t-elle un bon terrain de culture?

R. Ces terrains sont froids à cause de leur couleur blanche, ils retiennent beaucoup d'eau et finissent par devenir en bouillie ; desséchée, ce n'est plus qu'une poudre que le vent soulève, qui n'est pas susceptible de donner un bon appui aux racines. Si l'on verse sur ces terres un acide tel que vinaigre ou l'acide muriatique, il se produit une effervescence qui n'est que le dégagement du gaz acide carbonique. Cette propriété permet de constater dans une terre la quantité de carbonate de chaux qu'elle contient.

5*

116. — D. Une terre composée de glaise ou provenant de désagrégation de schiste argileux, contient-elle des quantités considérables de potasse ?

R. Un hectare, en supposant 54 centimètres d'épaisseur, peut contenir jusqu'à 400.000 kilogrammes de potasse. Il n'y a donc pas lieu au cultivateur de fournir, dans ces terrains, de la potasse pour la consommation qu'en font les végétaux qu'il veut cultiver.

117. — D. Par quelle matière à la disposition du cultivateur peut-on introduire de la soude dans une terre arable?

R. Le sel de cuisine, (ou chlorure de sodium) fournit au sol de la soude et produit un bon effet sur les graminées, mais en trop forte quantité, il serait nuisible.

118. — D. L'acide phosphorique est-il un élément le plus important du sol?

R. Un sol d'une ferme qui serait dépourvu de phosphate de chaux, ne pourrait en fournir aux bestiaux, ni à l'étable, ni aux pâturages ; alors comme la charpente osseuse des animaux est composée de phosphate de chaux, il s'en suivrait que les animaux de cette ferme seraient privés d'un des éléments nécessaires à leur existence et l'on peut conclure qu'une bonne terre arable doit contenir des phosphates.

119. — D. Que doit encore contenir une bonne terre arable ?

R. De l'oxyde de fer, car ses propriétés sont de rendre la terre d'une couleur depuis le jaune jusqu'au rouge foncé et, par conséquent, de lui permettre de s'échauffer davantage. Lorsque l'on retourne à la charrue une terre contenant de l'oxyde de fer, de brune qu'elle était, elle devient jaune au contact de l'oxygène de l'air et il est plus que probable que pendant l'action chimique qui se produit au contact de l'humidité et de l'oxygène, il se forme de l'ammoniaque que l'oxyde de fer retient comme le fait l'argile, aussi trouve-t-on de l'ammoniaque dans tous les oxydes de fer.

120. — D. Quelles sont les substances que renferme une terre arable ?

R. Des matières minérales et des matières organiques. On entend par matières organiques, celles qui ont fait partie d'un être vivant, soit animal, soit végétal.

121. — D. Quelles sont les matières organiques res-
tituées au sol?

R. Le fumier, les récoltes enfouies en vert,
les feuilles qui tombent sur le sol, les débris de toutes sortes de végétaux.

122. — D. Ces débris, que deviennent-ils dans le
sol?

R. Sous l'influence de l'eau et de l'oxygène,
ils pourrissent et forment de l'humus ou
terreau.

123. — D. L'humus est-il nécessaire dans les terres
arables?

R. Sans humus les végétaux ne pourraient
végéter ; malgré qu'il ne soit point un engrais proprement dit, il apporte l'humidité, rend meubles les terres, a la propriété de condenser l'ammoniaque et, par
sa décomposition et ses transformations,
il fournit de l'acide carbonique, et les matières minérales qu'il contenait deviennent peu à peu libres, solubes et assimilables.

124. — D. Est-il important que par des labours on
rende la terre perméable?

R. Oui, car l'oxygène venant aider à la combustion lente de l'humus produit du charbon, et l'acide carbonique se produit au

dépend de ce charbon. Dans un sol com-
pact où l'air ne pourrait pénétrer, l'humus se trouverait englobé et ne pouvant
se décomposer, ces débris organiques se
trouveraient inactifs.

125. — D. L'humus rend-il les terres perméables à
l'air ?

R. Un mètre cube de terre riche en humus,
d'après M. Boussingault, contient 420 litres d'air ; un sol sablonneux, 282 litres ;
un sol calcaire, 220 et un sol argileux, 205.
C'est donc la terre riche en humus qui en
contient le plus, et l'argile qui est la plus
compacte des terres, le moins.

126. — D. L'air qui circule dans le sol est-il iden-
tique à celui de l'atmosphère ?

R. L'oxygène a disparu en partie pour faire
place à de l'acide carbonique. Les sols
sablonneux et calcaires contiennent plus
d'acide carbonique que les argiles, aussi
voyons-nous la décomposition de l'humus plus rapide dans ces deux premiers
sols que dans les argileux.

127. — D. L'humus peut donc créer de l'acide carbonique ?

R. L'humus est un foyer d'où émane l'acide
carbonique. L'eau se charge de ce gaz

qui non-seulement sert à la nourriture des plantes, mais encore aide à rendre solubles les parties minérales du sol. Si dans le sol il se trouve de la silice, des parcelles feldspathiques, des engrais phosphatés, de la potasse, de la chaux ; ces minéraux et ces engrais ne résisteront pas à l'eau chargée de gaz acide carbonique, mais seraient insolubles dans l'eau pure.

128. — D. Résumons donc le rôle de l'humus?

L'humus a la propriété non-seulement de fournir des aliments aux plantes, mais encore il sert à rendre assimilables les minéraux du sol, il condense et retient dans l'intérieur du sol les aliments volatils et solubles, et les empêche de se répandre dans l'air à l'état de vapeur ou d'être entraînés par l'eau de pluie. En cela, il fait le même effet que l'argile et l'oxyde de fer, qui tous les deux sont aussi de bons conservateurs des engrais.

129. — D. Reconnaissons-nous plusieurs espèces d'humus?

R. L'humus dont la décomposition a été régulière, suffisamment aéré et suffisamment humide, en un mot, qui a fermenté

comme un fumier soigné pourrait le faire,
se nomme *humus doux.* C'est cet humus
qui produira des aliments aux plantes de
nos cultures, mais celui qui sera formé
au milieu d'un marais humide produira
une acidité analogue à celle du vinaigre,
et il se nomme *humus acide.*

130. — D. Pourquoi les terres de bruyères sont-
elles acides ?

R. La bruyère, les fougères, les chênes, contiennent du tannin, et ces plantes, en
formant de l'humus, rendent ces terres
acides, car le tannin est un principe acide
qui sert dans l'industrie au tannage des
peaux pour rendre le cuir imputrescible.

131. — D. La tannée, après avoir servi au tannage
des cuirs, peut-elle être utilisée par l'a-
griculteur comme récipient des matières
fécales, comme addition aux fumiers,
comme litière ou comme terreau ?

R. La tannée qui souvent est peu recherchée
par le cultivateur, à cause de l'acidité
qu'elle contient encore au sortir des cuves
du tanneur, lui rendrait cependant un
immense service pour tous ces usages,
s'il faisait disparaître cette acidité par un
arrosage de 25 à 40 grammes de sulfate

de fer par litre d'eau. Notre procédé consiste donc à changer les acides tanniques et galliques, en tannate et gallate de fer. Aussitôt après le contact du sulfate de fer avec la tannée, elle devient noire de rouge qu'elle était ; quelques arrosements, une quinzaine de jours et le retournement du tas suffisent pour que la tannée ne soit plus nuisible aux plantes par ses acides. Mais cette préparation ne constituerait pas encore un engrais, c'est alors que nous la mettons dans une fosse à fumier et que nous l'arrosons avec des matières fécales ou simplement que nous la mélangeons à quantité égale environ avec nos fumiers, où il se développe, au bout de quelques jours, une forte chaleur que nous ralentissons à volonté avec les arrosements. Quoique peu spongieuse de sa nature, la tannée n'en conserve pas moins une notable quantité d'humidité et de matières fertilisantes ; elle pourrit vite dans ces conditions et, après un mois seulement de fermentation avec nos fumiers, des arrosements avec du purin ou matières fécales convenablement entendus, nous obtenons un véritable engrais, qui fait pousser nos cultures avec vigueur et nous coûte peu. Nous ajouterons aussi qu'une fosse à fumier nous paraît nécessaire pour l'emploi de notre procédé.

L'observation de l'effet produit sur la tannée, prenant subitement une couleur noire au contact du sulfate de fer, nous fit réfléchir et rechercher la combinaison chimique, ainsi que des résultats qui sont visibles et palpables, ce fut le point de départ de notre procédé. Maintenant il nous reste à faire connaître le prix de revient.

10 voiturées à un cheval, à 0 fr. 25 par tour de tannée, ci	2ᶠ 50
Le travail de deux hommes pour le tas des 10 voiturées à	6 »
L'addition du sulfate de fer, que nous achetons en gros 16 fr. les 100 kil., pouvant être évaluée à.	1 »
Ce qui donne au total.	9ᶠ 50

La chaux mélangée avec la tannée produirait le même effet que le sulfate de fer en détruisant l'acide tannique, mais l'emploi de la chaux demande un très-long espace de temps pour rendre la tannée inoffensive pour la culture des plantes. M. Rodigas estime qu'il faut au moins quinze mois de mélange intime, de coupe et de retournements du tas pour convertir la tannée en terreau, tandis que notre procedé est instantané et que la tannée peut être utilisée de suite sans aucun inconvénient pour les cultures.

132. — D. Comment se forme la tourbe dans les terrains marécageux?

R. La tourbe n'est, comme l'humus, que des débris de végétaux qui naissent et meurent dans les terrains marécageux et forment à la longue des épaisseurs de plusieurs mètres, on exploite ces tourbières comme combustible à défaut de bois à brûler. On peut encore utiliser la tourbe comme terreau en la mélangeant à de la chaux et la laissant fermenter en tas pour lui enlever son acidité ; les arrosages au sulfate de fer pourraient sans doute remplir le même but. La tourbe n'est donc que des débris de plantes qui n'ont pas acquis le degré de carbonisation nécessaire pour les changer en terreau et, par conséquent, contenant une acidité nuisible à toute culture.

133. — D. Dans les jardins des maraîchers, ne voyons-nous pas des tas de débris organiques, de feuilles, de plantes de toutes

espèces, mises en masses ou dans des fosses pour composer du terreau ?

R. Ces débris sont ramassés avec soin par les jardiniers qui arrosent ces tas avec des eaux sales ou des déjections humaines et, au bout de six mois à un an, une décomposition s'est opérée au milieu de la masse et forme du terreau qui contient dans 1 kil.

Azote.	10^{gr} »
Ammoniaque	0 11 décig.
Nitrate.	1 »
Acide phosphorique.	12 »
Chaux.	63 »
Carbone des matières organiques.	99 »

Ce sont donc des principes actifs de la végétation qu'il ne faut pas négliger.

Cette méthode de faire du terreau se rapproche beaucoup de celle recommandée par M. Jauffray, et l'on doit encore considérer ce tas de terreau comme une véritable nitrière.

134. — D. L'humus a-t-il une grande influence sur le développement des végétaux ?

R. Son influence est immense, car il agit :
1° par les éléments azotés qu'il renferme ;
2° par l'acide carbonique qu'il produit ;
3° par les éléments minéraux, acide phos-

phorique et chaux qu'il contient et qui sont tous assimilables pour le présent ou le deviendront dans un temps très-prochain.

SIXIEME LEÇON

Ammoniaque (alcali volatil). — **Acide sulfurique.** — **Sulfate de fer.** — **Sulfate de chaux.** — **Du phosphore.** — **Acide phosphorique.** — **Du phosphate de chaux.** — **Des phosphates de magnésie, d'ammoniaque, de soude, de potasse et des phosphates fossiles.** — **Des superphosphates.** — **Développement de la sixième leçon, appliqué à l'Agriculture.**

Messieurs,

Ammoniaque (ou alcali volatil) (1). — L'azote, en se combinant avec l'hydrogène, produit un corps qu'on désigne sous le nom d'ammoniaque ou vulgairement alcali volatil, par opposition aux alcalis

____

(1) Ce que l'on vend sous le nom d'ammoniaque liquide ou vulgairement alcali volatil et dont on se sert pour enlever les taches de graisses sur les étoffes, est une dissolution de gaz ammoniaque dans l'eau.

minéraux qui sont fixes. L ammoniaque est relativement aux acides une base puissante ; elle s'unit à eux pour former une série de sels qu'on désigne sous le nom de sels ammoniacaux et qui servent à l'agriculture.

Le gaz ammoniac est doué d'une odeur très-forte et piquante ; sa saveur est âcre et brûlante et rappelle l'urine putréfiée : ce qui s'explique facilement, puisqu'il s'en dégage considérablement pendant la putréfaction des urines. L'ammoniaque est très-soluble dans l'eau : les pluies et les neiges en contiennent. Il résulte des expériences de M. Barral que les eaux de pluie peuvent chaque année en apporter à la terre au moins 21 kilog. par hectare, auxquels il faut ajouter la quantité fournie par les rosées et les brouillards ; il existe dans les sols dans la proportion de 1-70 à 0-047 par 1,000 parties de terre arable desséchée à l'air. Il est à remarquer qu'en général, ce sont les terres argileuses qui en contiennent le plus, les sables et les marnes le moins ; l'ammoniaque contient l'azote dans un état où il est prêt à fertiliser les végétaux. L'ammoniaque, en se combinant avec l'acide carbonique, forme le carbonate d'ammoniaque, qui, quoique solide, répand des vapeurs ; avec l'acide azotique il forme l'azotate d'ammoniaque, qu'on trouve dans l'eau de pluie. Tous les sels ammoniacaux sont aussi très-solubles dans l'eau.

Acide sulfurique. — L'acide sulfurique est la com-

binaison du soufre et de l'oxygène ; il est composé,
en poids, de

<pre>
          Soufre........ 100
          Oxygène...... 149, 128.
</pre>

Il s'obtient dans l'industrie en brûlant du soufre
mélangé à du nitrate de potasse ; le soufre seul en
brûlant dans l'air produirait de l'acide sulfureux,
tandis qu'associé avec un nitrate, celui-ci lui fournit l'oxygène nécessaire pour le faire passer à l'é-
tat d'acide sulfurique. Dans les sols calcaires l'acide
sulfurique, très-étendu d'eau, agit à la manière du
plâtre (sulfate de chaux), mais le prix auquel on peut
se le procurer, 20 fr. environ les 100 kilog., ne permet pas de l'utiliser ainsi.

En se combinant avec les oxydes, il produit des
sels qu'on désigne sous le nom de sulfates, qui ont
leur emploi en agriculture et en médecine. L'emploi
de ces sulfates sont, pour le sulfate de soude, de préserver les grains de la carie ; pour le sulfate de fer
on l'emploie comme désinfectant des matières pu-
trides ; mélangé avec de l'eau et répandu sur les fumiers, il fixe l'ammoniaque. On peut encore retirer
l'acide sulfurique, en distillant le sulfate de fer,
mais tous ces moyens bien connus appartiennent à
l'industrie.

Sulfate de fer. — Le sulfate de fer est un composé d'oxyde de fer et d'acide sulfurique. Recom-

mandé, ainsi que l'acide sulfurique (mais nous donnons la préférence au sulfate de fer), pour arroser les fumiers d'écurie et empêcher l'ammoniaque de se répandre au-dehors, soit encore pour désinfecter les fosses d'aisance, avant la vidange. Le moyen pratique et le plus économique pour saturer le carbonate d'ammoniaque des matières fécales, est donc le sulfate de fer. Ce sel en petits cristaux de qualité inférieure ne nous coûte chez les droguistes de Rennes que 18 fr. les 100 kilog. Il est plus facile à transporter et à manier que les acides qui peuvent donner lieu à des accidents dans des mains inexpérimentées, mais le sulfate de fer offre un autre avantage remarquable qui doit déterminer la préférence de son emploi; les exhalaisons nuisibles et incommodes que répandent les matières fécales proviennent principalement de la volatilisation du carbonate d'ammoniaque et du gaz hydrogène sulfuré, qui fait souvent des victimes en asphyxiant les vidangeurs de fosses d'aisance. En versant une dissolution de sulfate de fer dans les matières fécales, il y a immédiatement une double décomposition, l'acide sulfurique du sulfate de fer se combine avec l'ammoniaque et le convertit en sel fixe (sulfate d'ammoniaque), le fer se combine avec le soufre et forme du sulfure de fer inodore.

Quoique cette décomposition soit prompte, il serait prudent de verser la dissolution quelques jours à l'avance, afin que le mélange soit bien intime ; alors la descente du vidangeur dans la fosse offrirait moins de danger. On arrose quelquefois les plantes avec une légère dissolution de sulfate de fer pour leur donner de la vigueur, mais nous croyons qu'il faut être sobre de ce moyen qui nous a réussi une fois, mais qui ne nous paraît pas encore suffisamment expérimenté : 30 à 35 grammes suffisent pour fixer l'ammoniaque d'un mètre cube de fumier. Le sulfate de fer a encore la propriété de changer l'acide tannique de la tannée en tannate et gallate de fer, ce qui nous l'a fait employer pendant 10 années de succès pour rendre la tannée inoffensive pour les plantes, même après sa sortie des fosses du tanneur. Du reste nous reviendrons sur cette opération que le hasard nous fit découvrir, lorsque nous traiterons des fumiers et du tannéage en agriculture.

Le fer à l'état d'oxyde ou de sulfure fait quelquefois partie constituante du sol, quoiqu'en faible proportion ; à l'état salin, il peut se rencontrer dans la fabrication des engrais du commerce. Quand le fer existe dans le sol à l'état d'oxyde on lui attribue, comme à l'alumine, la propriété de fixer l'ammoniaque et de pouvoir ainsi l'offrir aux plantes qui en font une partie de leur alimentation. C'est ce que nous avons dit dans la 5e leçon, lorsque nous avons parlé des dunes fortement colorées en rouge, à cause de la présence de l'oxyde de fer qui attire et fixe, sous forme d'ammoniaque l'azote, de l'atmosphère. Lorsque l'oxyde de fer est sulfuré ou piriteux, si sa proportion dans le sol n'est pas trop forte, il convient parfaitement à la culture des plantes de la famille des légumineuses; s'il est en excès, il devient nuisible à la végétation, mais alors la terre qui le renferme peut être répandue avec modération sur les prairies artificielles comme amendement avantageux.

Pour détruire la cuscute, plante parasite, qui nuit principalement aux luzernes, le bulletin n° 7 du journal de l'Agriculture de 1870 propose un arrosage au sulfate de fer. La cuscute se trouve en quelque sorte minéralisée et l'arrosage ne nuit point à la luzerne ; la proportion est de 5 à 10 kilogrammes de sulfate de fer pour 100 litres d'eau. Nous n'avons point fait cet essai, mais ce que nous pouvons conseiller pour la destruction de ce parasite, c'est un feu de paille sur la surface infestée avant que la graine n'ait acquis sa maturité. On conseille aussi le paccage de la luzerne par les moutons qui, avides de la cuscute, n'en laissent trace.

Il faut agir avec modération du sulfate de fer lorsqu'on désinfecte les fosses d'aisance avec ce sel. Il est vrai que la plus grande partie du sulfate de fer est passée à l'état de sulfure, mais l'effet de l'engrais sur les plantes n'en a pas moins besoin d'être surveillé jusqu'à ce que les expériences multipliées auront fait connaître la précision avec laquelle il faut l'employer ; il en sera de même, si on l'emploie sur les fumiers d'écurie.

Le fer est répandu à peu près partout et se retrouve jusque dans les cendres des matières végétales et animales, il fournit à la médecine des préparations nombreuses. Le fer se reconnaît aisément en filtrant les matières qui le contiennent par l'acide sulfurique ou l'acide chlorhydrique. Le résultat de ce traitement filtré, précipite en noir par infusion de noix de galle et en bleu par le cyano-farate de potasse. Tous les sels solubles ont une saveur qui se rapproche de l'encre et qu'on nomme saveur atramentaire.

Sulfate de chaux. — Le sulfate de chaux ou plâtre est une combinaison d'acide sulfurique et de chaux, connu de tous les cultivateurs. Il est inutile d'en parler spécialement, puisqu'en traitant de la chaux nous donnerons les détails nécessaires. Il convient surtout aux plantes légumineuses tels que le trèfle, le sainfoin, la luzerne.

Du phosphore. — Le phosphore est un corps simple blanc, jaunâtre, solide, très-inflammable, que l'on est obligé de conserver dans les laboratoires dans des flacons remplis d'eau, à cause de son affinité avec l'oxygène, même à la température ordinaire où il s'enflamme, jouissant de la propriété d'être lumineux dans l'obscurité. C'est à sa présence, que les allumettes doivent cette trace lumineuse, que l'on voit la nuit sur les objets contre lesquels on les a frottées. Son nom veut dire *porte-lumière*. On l'obtient en chimie en le retirant des os.

Acide phosphorique. — L'acide phosphorique est la combinaison du phosphore et de l'oxygène; sa composition est de :

> Phosphore. . . . . 100.
> Oxigène. . . . . 125,80.

Manipulation. — Pour l'obtenir... Sous nos yeux, mettons deux grammes de phosphore dans un petit godet à peinture, déposons ce godet dans un plat de faïence, allumons le phosphore en le touchant avec un charbon incandescent et couvrons-le promptement avec une cloche en verre, très-sèche, car le succès de l'opération en dépend, appuyons le plus hermétiquement possible les bords de la cloche sur le plat. Nous le voyons : il se produit aussitôt dans la cloche un nuage blanc, épais, qui se rassemble sous forme de flocons de neige; une partie s'attache à la cloche, l'autre partie tombe sur le plat. Que s'est-il passé dans cette opération, c'est que le phosphore en brûlant a produit assez de chaleur pour se convertir en acide phosphorique, tant qu'il est resté de l'oxygène dans l'air de la cloche : en effet, les flocons ne ressemblent plus au phosphore, ils sont blancs, inodores, d'une saveur extrêmement

acide, se dissolvant dans l'eau avec la plus grande
facilité et absorbent même les vapeurs d'eau en suspension dans l'air pour devenir à l'état liquide, et
nous avons de l'acide phosphorique. L'acide phosphorique ne se rencontre dans la nature qu'à l'état
de combinaison, c'est aussi sous cette forme qu'il
est un des éléments les plus indispensables au développement du règne organique. On le trouve dans
tous les végétaux dont on a examiné les cendres,
mais surtout dans la composition des grains où il
prend une large place.

47 pour cent dans les cendres de froment.
34 — — de fèves.
30 — — de pois.
27 — — de haricots, etc.

L'acide phosphorique se trouve dans les terres
surtout de bonne qualité, dans les engrais et aussi
dans quelques amendements. Les os des animaux
en contiennent, mais à l'état de phosphates; c'est
aussi sous cette forme qu'il se trouve dans les cendres des plantes.

Du phosphate de chaux.—Le phosphate de chaux,
composé d'acide phosphorique et de chaux, constitue un espèce de minéral, connu sous le nom de
phosphorites ou d'apatites, lorsqu'il se rencontre à
l'état de nature dans les terrains fossilifères et de
sédiment. L'analyse le retrouve dans les cendres des

plantes, il constitue la charpente osseuse de l'homme et des animaux vertébrés. Il est insoluble dans l'eau pure, mais l'eau chargée d'acide carbonique le dissout et le rend assimilable pour la nourriture des plantes, s'il est indispensable à leur accroissement. Il faut donc, si les terrains n'en contiennent pas naturellement, leur en fournir avec les engrais, par exemple, le noir animal. Supposons que les terres d'une exploitation ne contiennent pas de phosphate de chaux en quantité suffisante pour la végétation, les plantes n'en puisant point dans le sol, n'en pourront fournir aux animaux de l'étable ; la charpente osseuse de ceux-ci étant privée de l'élément qui la constitue en souffrira et l'économie animale sera rompue. C'est ce qui était arrivé à un cultivateur qui, voyant ses animaux dépérir sans cause apparente, malgré ses soins et l'abondance de la nourriture, ne découvrit la cause de leur malaise qu'en voyant les animaux au sortir de l'étable courir à un tas d'os qui étaient placés dans un coin de la cour, les lécher et chercher même à les broyer. Instruit par ses animaux, notre cultivateur introduisit dans ses terres du phosphate de chaux, et la maladie disparut de l'étable. M. Nicklès prétend que le mélange de sel marin avec les aliments des bestiaux, facilite singulièrement l'assimilation des phosphates; qu'avec le régime de nourriture salée on retrouve peu de phosphates dans les excréments tandis que les matières excrémentielles sont riches en phosphates au régime, sans addition de sel. Il cite encore l'expérience suivante faite sur deux chiens auxquels une résection d'une partie de l'os Radius fut opéré, le chien soumis au sel fut guéri au bout de 25 jours, tandis que chez l'autre aucun dépôt minéral ne s'était formé pour reconstituer l'os absent. Que conclure de ces faits, si ce n'est que tous les éléments minéraux qui servent à la nourriture des plantes et des animaux ont besoin d'assaisonnements et de transformations pour devenir assimilables. Le gaz acide carbonique rend ce service immense et nous voyons, par l'expérience ci-dessus, le sel favoriser l'absorption des phosphates dans l'économie entière des animaux. Disons encore que M. Mazure se sert dans ses ouvrages du mot exact, de *cuisine* des plantes, en parlant des préparations par lesquelles passent les agents minéraux et organiques, pour arriver à devenir une nourriture assimilable ; c'est en effet une véritable cuisine pour elle, puisqu'en leur servant des mets non préparés, elles sont exposées à mourir de faim.

Des phosphates de magnésie, d'ammoniaque, de soude, de potasse et des phosphates fossiles. — Les os, nous venons de le dire, contiennent une énorme quantité de phosphate de chaux. Dans les terres, il est toujours accompagné de phosphate de magnésie qui se retrouve dans les excréments de

l'homme et des animaux. Les fumiers en contiennent aussi une assez forte proportion; il existe aussi
dans les plantes et se trouve abondamment dans
les graines de céréales.

Le phosphate d'ammoniaque paraît produire une
action très-active sur le froment et sur les prairies
naturelles. Les phosphates d'ammoniaque et de
magnésie, étant peu solubles dans l'eau, agissent
sur les plantes plus lentement et plus longtemps.
Comme tous les phosphates, ils veulent être attaqués
par les acides pour devenir solubles et assimilables;
aussi, dans les terres acides, les phosphates y produisent bon effet et corrigent l'acidité du sol.

Les phosphates de soude et de potasse, paraissent
favoriser la végétation et le poids des graines des
céréales.

Le noir animal contient de 50 à 60 0/0 de phosphate; son emploi est bien connu : on le fabrique
avec des os qu'on chauffe dans des vases fermés, à
l'abri de l'air, jusqu'à ce que la partie organique soit
décomposée. Cette partie laisse alors un résidu de
charbons qui retient encore une minime proportion
d'azote ; il est d'aillleurs mélangé avec le phosphate
et le carbonate de chaux. Il sert d'abord à clarifier
le sirop de sucre. Le charbon absorbe les matières
colorantes du jus; en sortant de la rafinerie, il est
livré comme engrais n'ayant rien perdu, dans cette
opération, de ses qualités. Bien au contraire, il y a

gagné en azote. Cet engrais convient à tous les terrains et à toutes les récoltes, et donne des résultats inattendus dans les terres argileuses et granitiques de la Bretagne ; il corrige l'acidité du sol et produit de bons effets sur les prairies humides ; on l'y répand à la dose de 4 à 5 hectolitres par hectares de céréales ; on en met un peu moins dans les terres légères. La fraude de cet engrais est encore poss.ble aujourd'hui, cependant elle est bien atténuée par la nouvelle loi sur le commerce des engrais, ensuite par l'installation d'un chimiste dans chaque département qui, sur échantillon, vérifie, et cela sans frais pour le cultivateur, pourvu qu'il remplisse quelques légères formalités, si le vendeur n'a point trompé sur le dosage.

Le phosphate fossile, dont l'emploi commence à être en usage en Bretagne pour le sarrasin. contient environ 30 à 40 et même, jusqu'à 60 0/0 de phosphate. M. de Molon qui a fait de nombreuses explorations en France, suppose que des dépôts existent dans 39 départements qui entourent Paris. On trouve ces dépôts dans le sol au milieu des sables verts ou d'argiles appartenant aux assises craieuses sous forme de nodules ou rognons plus ou moins arrondis, renflés ou étranglés dans le sens de leur longueur : on leur a donné le nom de Coprolithes qui veut dire excréments pierre, car on a supposé que ces rognons proviennent des excréments, passés à l'état de pierre, d'une grande famille d'animaux qui a disparu de la surface du globe. Cette explication nous paraît hasardée, car si l'on retrouve bien dans le sol des excréments pétrifiés de ces animaux, il serait rationnel que quelques ossements retrouvés vinssent confirmer cette opinion. La grosseur des nodules varie de 2 à 8 centimètres : quelques-uns nous montrent des incrustations de coquillages dont nous avons reçu quelqu'échantillons, et que nous venons d'offrir au collége de Fougères pour placer dans ses collections. Dans les Ardennes, on les appelle coquins ou crottins du diable ; l'intérieur du rognon concassé montre toujours une couleur plus foncée qu'à la partie qui se rapproche de l'extérieur. L'extraction se fait en enlevant la terre végétale qui recouvre ces crottins, et la pioche les détachant du sol, l'ouvrier les enlève à la main. Recouverts d'une couche terreuse, on les lave d'abord à grande eau pour expulser les parties terreuses, ensuite bien séchés, ils sont livrés aux industriels qui les font concasser par très-petits fragments, et soumis en dernier lieu à la pulvérisation, au moyen de meules et de moulins pareils à celles ou à ceux qui servent à moudre le blé. Dans notre pays breton M. Coire a fait établir un moulin à Romazy (Ille-et-Vilaine), qui livre depuis déjà quelques années de très-fortes quantités de phosphates fossiles pulvérisés. La fraude sur cet engrais phosphaté est facile, car sa couleur permet au vendeur de mauvaise foi d'y incorporer du sable, de la tangue, du plâtre. Il est donc utile que le cultivateur prenne les mêmes précautions d'échantillons et de facture sur laquelle le dosage sera indiqué, précautions que nous avons recommandées, lorsque nous avons traité du noir animal. Ce que nous avons dit du noir animal peut s'appliquer au phosphate fossile; plus la poudre est fine, plus les agents dissolvants ont de prise pour l'assimilation, car sans le concours des acides, nous l'avons dit, les phosphates seraient de nul effet sur la végétation des plantes; aussi est-il bien constaté que l'emploi des phosphates dans un sol calcaire ou qui a reçu une addition de chaux ne peut donner de nourriture phosphatée assimilable aux plantes, par le motif que la chaux s'est emparée pour ainsi dire de l'acidité du sol, ou, pour mieux nous exprimer, a corrigé cette acidité et qu'il n'en reste plus assez pour préparer le phosphate à devenir assimilable. Mais le phosphate ajouté au tas de fumiers d'étables, et surtout le phosphate fossile, subit dans la masse une fermentation; alors il est tout préparé pour sa bonne assimilation, il n'y a donc plus d'inconvénient de l'introduire dans un sol qui aura reçu précédemment de la chaux, de la tangue, du sablon ou tout autre calcaire. Cette méthode, suivie par un grand nombre de cultivateurs intelligents, se répand de plus en plus depuis quelques années. Enfin, pour terminer, c'est, nous le répétons, la cuisine des plantes que nous devons chercher à bien préparer, à étudier, à connaître et à mettre en pratique par les bonnes méthodes que nous indique la science.

Des superphosphates. — En parlant du superphosphate, le mot indique suffisamment qu'il est *au-dessus du phosphate* (super-meilleur que...) et s'il devient meilleur, c'est par le traitement que l'on peut faire subir à tous les phosphates de quelque provenance que ce soit, même des phosphorites (ou apatites) qui n'ont aucun effet fertilisant sans préalablement subir la préparation culinaire dont nous allons parler. Faut-il le répéter encore: que sans le secours des acides dans le sol, les phosphates ne peuvent servir de nourriture aux plantes, il faut que l'acide carbonique ou tout autre les attaquent et les rendent gélatineux pour pouvoir être absorbés par les spongioles, d'après ce fait reconnu par la science. Les fabricants attaquent les phosphates fossiles ou autres, réduits en poudre par l'acide sulfurique (huile de vitriol), et par cette opération les rendent *super*, c'est-à-dire meilleurs, plus faciles d'assimilation que les phosphates ordinaires.

La quantité d'acide sulfurique nécessaire pour l'attaque est variable, selon les minéraux que l'on peut se procurer. Pour les cas les plus ordinaires, dit M. Barral, il faut 33 kilog. d'acide sulfurique pesant 50 degrés à l'aréomètre de Baumé par 100 kilog. de phosphate fossile. Pour opérer, on doit employer une cuve en bois; le mieux serait qu'elle fut doublée d'une feuille de plomb, on y met le phosphate de chaux pulvérisé. Il est convenable d'y ajouter de la matière organique, c'est ce que font toujours les fabricants anglais. Si l'on a des chiffons de laine, du sang desséché ou d'autres matières analogues, c'est à elles qu'on doit avoir recours. A leur défaut, il faut employer de la paille hachée, ou mieux encore des tourteaux grossièrement pulvérisés: la dose convenable est de 33 kilog. pour 100 kilog. de phosphate fossile. La matière organique que l'on ajoute ainsi est utile en elle-même par sa propre action fertilisante et en outre pour faciliter la réaction de l'acide et maintenir l'engrais définitif dans un état plus facilement pulvérisable.

Quand la poudre de phosphate fossile et la matière organique ont été mélangées, on verse peu à peu, en remuant avec une pelle de bois, l'acide sulfurique. On agit avec précaution, parce qu'il se produit une effervescence gazeuse, d'autant plus vive qu'il y a plus de calcaire ou carbonate de chaux dans le phosphate fossile employé.

Si l'on a un acide sulfurique plus fort que 50 degrés Baumé, on ramène celui-ci au point voulu au moyen d'une addition d'eau. Il faut avoir soin de verser non pas l'eau dans l'acide sulfurique, mais l'acide sulfurique dans l'eau, sans quoi on s'exposerait à des accidents et à des brûlures très-dangereuses; en brassant continuellement à mesure qu'on verse l'acide, on est averti que la proportion ci-dessus indiquée est insuffisante; dans le cas où l'addition de la dernière quantité a encore produit une effervescence gazeuse, alors il faut un peu augmenter cette proportion. Le point convenable est atteint, lorsque, après le brassage, la matière n'est que légèrement acide, on vide alors le cuvier sur une aire argileuse, et on laisse la matière reposer pendant quarante-huit heures. Au bout de ce temps, on la pioche, on la remue à la pelle, on la passe au besoin dans un gros tamis et elle est bonne à être employée. On accroît beaucoup la richesse de cet engrais, en y mélangeant en ce moment du sulfate d'ammoniaque, du nitrate de soude, des cendres potassiques. Si nous avons indiqué le traitement des phosphates par les acides, notre but était de faire connaître la manipulation, mais nous n'oserions engager les cultivateurs à la faire eux-mêmes, à cause des accidents. Qu'ils mélangent donc les phosphates aux fumiers, et le but d'assimilation sera rempli, ou bien, qu'ils s'adressent au commerce qui leur fournira les superphosphates de chaux tous préparés à 16 et 17 les 100 kilog. vendus à Nantes ou à Paris.

DÉVELOPPEMENT

DE LA

SIXIÈME LEÇON

Appliqué à l'Agriculture.

---

135. — D. Qu'est-ce que l'ammoniaque?

R. L'ammoniaque est un gaz incolore, d'une odeur piquante aux yeux et à l'odorat, d'une saveur caustique: mélangé avec de l'eau on le nomme alcali valatil.

136. — D. L'alcali volatil est-il nécessaire au cultivateur pour soigner ses bestiaux?

R. En cas de colique de ses animaux ou de gonflement de la panse causée par une nourriture trop abondante en vert, 32 grammes d'ammoniaque mélangé avec de l'eau gommée, guérissent promptement un mal qui pourrait devenir grave. En cas de morsure de vipère, l'application de l'alcali volatil est une nécessité, de même pour la piqûre des guêpes, frelons et abeilles.

137. — D. L'ammoniaque est-il un engrais pour les plantes?

R. Oui, attendu que sous forme de sel, il donne de l'azote aux plantes.

138. — D. Quelles sont les sources de la nature qui fournissent aux plantes l'ammoniaque et l'acide nitrique et auxquelles les plantes pourront puiser l'azote.

R. L'ammoniaque et l'acide nitrique existent dans l'air, dans l'eau des rivières et de pluie. Dans 10 mètres cubes d'air on a recueilli en Irlande 47 grammes d'ammoniaque. M. Isidore Pierre a dosé à Caen 45 kilogrammes d'ammoniaque dans la masse d'air qui s'élève au-dessus d'un hectare de terre jusqu'à une hauteur d'un kilomètre, et M. Barral a trouvé à Paris qu'un hectare de terre a reçu pendant les six derniers mois de l'année, par les eaux pluviales, 8 k. 670 grammes et à la ferme de la Saulsaie 15 k. 500 grammes.

139. — D. L'azote sous forme de gaz est-il utile aux plantes pour leur nutrition?

R. Non, mais sous forme de sel.

140. — D. En chimie, quelle est la dénomination
terminale qui indique qu'une base étant
combinée avec une autre base, forme un
sel?

R. C'est la déterminaison *ate* ; ainsi lorsque
je dis *azotate de potasse*, c'est l'azote qui
est combiné avec la potasse pour former
un sel que je nomme ainsi, il en est de
même pour tous les sels combinés.

141. — D. Dans quelles circonstances le cultivateur
doit-il employer de préférence les engrais phosphatés?

R. Dans les défrichements, dans les terres
de landes riches en humus, et en général, dans les sols bruns et acides. Il peut
donc être fort utile d'employer dans ces
cas les phosphates de chaux dépourvus
de matières organiques, comme premiers
engrais et comme puissants modifica-
teurs du sol.

D'autre part, les fumiers et les composts
divers seront toujours améliorés dans
une grande proportion, si on ne les mélange avec une certaine quantité de phosphate de chaux.

142. — D. Qu'est-ce que le phosphore?

R. Le phosphore se retire des os, c'est un

corps solide, il est d'un blanc jaunâtre et a une odeur d'ail très-prononcé ; insoluble dans l'eau, on peut le manier sans danger dans cet élément, mais dans l'air il s'enflamme et ses brûlures sont très-dangereuses ; son nom de phosphore signifie : *corps lumineux.* Ces lueurs proviennent de la combinaison lente avec l'oxygène de l'air.

143. — D. Qu'est-ce que l'acide phosphorique ?

R. C'est un corps solide, blanc, inodore, soluble dans l'eau et de saveur très-caustique, c'est un acide très-fort qui se combine avec la plupart des bases, en formant des phosphates qui sont les engrais minéraux les plus importants pour l'agriculture ; il entre avec la chaux dans la formation des os et, par conséquent, du noir animal.

144. — D. Le noir animal est donc, d'après la question précédente, un phosphate de chaux ?

R. Oui, et un engrais puissant pour l'agriculture.

145. — D. Comment le commerce obtient-il le noir animal et d'où provient-il ?

R. Le noir animal provient des os, que le

commerce fait carboniser en vase clos, et après avoir servi pour filtrer les sucres bruts, il est vendu aux agriculteurs comme engrais.

146. — D. A quelle céréale le noir animal convient-il?

R. Au sarrasin, il le fait germer en abondance.

147. — D. Quelle est la composition des os?

R. Les os sont un mélange de deux substances, phosphate et carbonate de chaux et de la matière combustible ou animale, qui se nomme osséine ou gélatine. Ils contiennent encore 9 à 10 % de matière grasse qui est, en partie, recueillie par l'industrie. Lorsque les os servent à faire du noir animal, l'osséine est décomposée par la chaleur et il ne reste plus à sa place qu'un résidu de charbon ; pour la partie calcaire des os, elle se retrouve invariablement fixe.

148. — D. Le chaulage peut-il nuire à l'action du noir?

R. Le noir agit mal tant que le sol est imprégné de chaux, de sablon calcaire, de marne ou de tangue (sauf l'exception où ce sol serait riche en humus), parce que les phosphates ne peuvent plus être dissouts par les acides qui ont été neutralisés par l'emploi précédent de la chaux ou des autres calcaires.

149. — D. Qu'est-ce que l'acide sulfurique?

R. L'acide sulfurique est l'acide du soufre; combiné avec la chaux, il produit le plâtre.

150. — D. Le sulfate de fer ne trouve-t-il pas son emploi comme moyen curatif de la fièvre aphtheuse des animaux de l'espèce bovine?

R. Cent grammes de sulfate de fer, dissous dans un litre d'eau, cicatrise les plaies des onglons par des lotions répétées plusieurs fois par jour, pour la guérison des aphthes de la langue, des lèvres et de la bouche; on se servira d'une solution de 60 grammes de chlorate de potasse dans deux litres d'eau froide: ce gargarisme est recommandé dans cette maladie.

151. — D. Le sulfate de fer s'emploie-t-il pour d'autres usages pratiques en agriculture?

R. Le sulfate de fer est un sel qui sert à désinfecter les fosses d'aisance, il fixe l'ammoniaque des matières fécales, des fumiers et des purins. Il convertit le gaz hydrogène sulfuré des vidanges en sulfure de fer inodore et, par son emploi, peut éviter l'asphixie des vidangeurs. Employé en arrosages, à très-petite dose et très-étendu d'eau, il donne de la vigueur aux arbres languissants ; employé à haute dose sur la cuscute, il la détruit, il la brûle ; il annihile l'acide tannique de la tannée ; combiné avec une solution de noix de galle, il forme de l'encre.

152. — D. Ne pourrait-on employer le sulfate de fer à la destruction des vers blancs dans les fumiers de cheval ?

R. Nous le croyons, sans cependant rien affirmer de positif à cet égard. M. Letoré, dans le *Bulletin d'Agriculture*, page 341, 1870, fait connaître le résultat de ses remarques sur la formation des vers blancs dans la couche supérieure des fumiers de cheval, et ajoute qu'en transportant ces fumiers aux champs on y sème des quantités énormes de ces vers si nuisibles à l'agriculture ; il conseille, pour leur destruction, d'enlever à ces fumiers une couche de 2 à 3 centimètres sur toute la surface du fumier et de l'épandre dans la cour, où le soleil, l'air et les poules en auront bientôt raison. Pour nous, nous avons remarqué que les fumiers, même les fumiers de cheval, étaient exempts de vers blancs après un arrosage au sulfate de fer. En contenaient-ils précédemment? C'est ce que nous ignorons et que nous nous proposons de vérifier.

SEPTIEME LEÇON

De la magnésie. — De la chaux. — De sa fabrication industrielle. — De la chaux grasse. — De la chaux maigre. — De la chaux hydraulique. — Influence de la chaux sur la végétation et sur la vie animale. — Du carbonate de chaux. — Des sablons calcaires. — De la tangue. — Du marnage. — Développement de la 7ᵉ leçon, appliqué à l'agriculture.

Messieurs,

De la magnésie. — La magnésie est l'oxyde d'un métal auquel on a donné le nom de magnésium ; elle se compose de :

Magnésium..... 61,29.
Oxygène .... 38,71.

Blanche à l'état de pureté, elle est alcaline, mais insipide lorsqu'elle est carbonatée ; elle accompagne toujours la chaux dans les végétaux ; les cendres, des graines de froment en contiennent 16 % de leur poids. On trouve la magnésie dans le sol à l'état de carbonate de chaux, de chlorhydrate, de sulfate et de phosphate, et, en solution dans l'eau à l'état de sulfate, que l'on nomme alors sel de Sedlitz. Lorsqu'elle est trop abondante dans le sol, ainsi que la chaux qui l'accompagne, très-souvent elle le rend infertile à cause de sa causticité, aussi dans les contrées où les marnes sont trop magnésiennes, faut-il, pour s'en servir comme amendement, les mélanger avec du terreau, des fumiers qui développeront la fermentation et, par conséquent, des acides organiques, de la tourbe ; en un mot, les saturer d'acide carbonique pour que la magnésie se carbonate et perde sa causticité.

De la chaux. — La chaux est l'oxyde d'un métal qui porte le nom de calcium, elle est composée de :

$$\text{Calcium.....} \quad 71,91.$$
$$\text{Oxygène.....} \quad 28,09.$$

La chaux pure ne se rencontre jamais dans la nature ; mais, combinée avec l'acide carbonique, elle est très-répandue ; alors elle prend le nom de carbonate de chaux. Combinée avec l'acide sulfurique, elle forme le sulfate de chaux ou plâtre. Les marnes contiennent du carbonate de chaux en notable quantité et, pour qu'un sol soit fertile, la présence de ce calcaire lui est de nécessité absolue.

Fabrication industrielle. — L'industrie extrait la chaux des pierres calcaires, des carbonates de chaux ou marbres, en employant la chaleur à une haute température. L'acide carbonique ayant une grande affinité pour s'unir à la chaux, la température élevée des fourneaux rompt cette force d'affinité. On prépare la chaux au bois : dans cette opération, la pierre calcaire est disposée dans le four en forme de voûte et le feu est entretenu en-dessous jusqu'à ce que la pierre ne soit cuite, mais cette méthode est coûteuse et la cuisson au charbon de terre est beaucoup plus économique, car le fourneau, une fois allumé, fonctionne, pendant toute la campagne, sans intermittence et il n'y a plus de perte inutile de calorique.

Les chauffourniers disposent, dans cette opération, le charbon et la pierre calcaire par couches alternatives, et à fur et à mesure que la cuisson de la chaux se fait dans le fourneau, on retire, par le bas, la chaux cuite et l'on ajoute, par le haut, de nouvelles couches de charbon et de pierres, il n'y a point d'interruption dans la cuisson et, par conséquent, économie.

Plus la pierre calcaire que l'on emploie est mouillée, plus elle exige de dépense de combustibles pour la priver de son acide carbonique, aussi le chauffournier, qui entend ses intérêts, n'emploie-t-il que du calcaire qui a perdu son eau de carrière, car il est évident que tout le calorique employé pour la priver de cette eau est perdu pour la cuisson.

Au sortir du fourneau, la chaux est décarbonatée, c'est ce que l'on appelle la chaux vive ou caustique, elle est blanche, assez légère, selon son degré de cuisson, de saveur alcaline, elle a une grande puissance pour s'unir à l'eau et soutire les vapeurs d'eau de l'atmosphère, alors elle se couvre d'une poussière blanche d'une ténuité extrême. Si l'on plonge dans l'eau un panier rempli de chaux vive et que l'immersion ne soit que de très-peu de durée, une certaine quantité d'eau sera absorbée pendant cette courte immersion, alors la pierre siffle, s'échauffe, se brise, dégage de la vapeur d'eau et finit par se rendre en poussière. Mais si la quantité d'eau était augmentée, cette poussière deviendrait une pâte molle qui, ajoutée au sable, formerait le mortier qui nous sert dans nos constructions et constituerait du silicate de chaux. Selon le calcaire, on peut fabriquer trois espèces de chaux : la chaux grasse, la chaux maigre et la chaux hydraulique.

La chaux grasse provient de calcaire qui ne renferme pas de carbonate de chaux, c'est celle généralement employée en agriculture, elle ne durcit qu'à l'air, restant molle et pâteuse sous l'eau : la proportion de sable qu'on peut y mélanger est très-grande.

La chaux maigre provient de calcaire qui renferme de la silice anhydre (qui veut dire privée d'eau) ;

comme la précédente, elle ne durcit pas sous l'eau.
La proportion de mélange avec le sable est moindre,
elle demande plus de temps pour s'éteindre, aussi
faut-il certaines précautions pour l'employer, car il
arrive que de petites parties n'ayant pas absorbé la
quantité d'eau suffisante ne sont pas parfaitement
éteintes, que ces petites parties employées dans
les mortiers, achèvent leur fusion dans la maçon-
nerie, alors elles soufflent, comme on dit en termes
de métier, et les mortiers se dégradent.

La chaux hydraulique provient du calcaire qui renferme de la silice hydratée (qui veut dire combinée
avec l'eau); de même que la chaux maigre elle prend
peu de sable, durcit sous l'eau, c'est à cause de cette
propriété qu'on la nomme hydraulique; son emploi
est principalement dans les constructions immer-
gées par les eaux, elle sert peu en agriculture pour
le chaulage des terres, mais elle a son utilité dans
la construction des fosses à fumier et à purin, ainsi
que dans le pavage à bain mortier des étables et
des écuries; par ce dernier emploi les déjections liquides des animaux peuvent être facilement amé-
nagées, puisque le sol devient imperméable.

Nous n'avons point à nous occuper ici de l'attaque qui se produit sans effervescence de la chaux
vive, (chaux caustique, chaux décarbonatée) par les
acides nitrique et chloridrique, mais bien de la
chaux unie à l'acide carbonique qui prend alors le

nom de carbonate de chaux et qui fait une vive effervescence en contact avec ces acides, parce que ce caractère est mis à profit pour reconnaître si une terre ou une pierre contiennent du carbonate de chaux. En versant dessus quelques gouttes d'un de ces acides, s'il y a effervescence, c'est une preuve certaine de la présence du carbonate calcaire. Cette expérience est d'une grande utilité en agriculture, pour indiquer au cultivateur quel est le sol de son exploitation qui réclame les amendements calcaires.

Influence de la chaux sur la végétation et sur la vie animale. — Son influence est multiple en agriculture; faisant partie constituante du sol, elle divise l'argile et la rend perméable aux influences atmosphériques. Rendant le sol plus meuble et facile à travailler, elle permet ainsi aux racines de s'y developper. Dans les terres sableuses elle produit de bons effets par un usage modéré; sous forme de marne les mêmes effets se reproduisent; à l'état de chaux vive, elle sert à préparer la cuisine des plantes en attaquant la matière organique avec une grande énergie; mais la chaux ne reste pas longtemps caustique, elle absorbe assez rapidement l'acide carbonique de l'air et se convertit en carbonate, qui est insoluble. En continuant à soutirer ce gaz à l'atmosphère, le carbonate passe à l'état de bicarbonate, qui devient ainsi très-soluble et est, à son tour, facilement absorbé par les racines des plantes, par son alcalinité à préserver les grains de la carie. En contact avec les tissus des animaux, elle les désorganise ; on l'emploie peu dans la médecine humaine et vétérinaire, cependant nous conseillerons aux cultivateurs d'avoir toujours chez eux une dissolution d'eau seconde de chaux, qui est d'une grande efficacité contre les brûlures et contre les piqûres des frelons et des abeilles. Notre expérience nous l'a prouvé, car horriblement piqué à la tête et au visage par ces hyménoptères, n'ayant point d'alcali volatil sous la main, nous eûmes recours à l'eau de chaux et instantanément les douleurs cessèrent et nous fûmes délivré d'une souffrance que nous pouvons dire intolérable, sans crainte d'être taxé d'exagération (1).

Du carbonate de chaux. — En parlant de la chaux, nous nous sommes expliqué au point de vue chimique sur le carbonate de chaux ; nous le savons déjà, la chaux étouffée à l'eau et laissée à l'air libre se carbonate suffisamment pour les besoins de l'agriculture. La chaux carbonatée possède avec la silice et l'alumine le privilége de constituer le sol arable. Comme la silice, la chaux carbonatée possède différents modes d'action sur les terrains, selon son état sableux ou de poudre impalpable que

(1) Voir ce que nous écrivions à ce sujet dans le bulletin de l'Agriculture 1867, page 470.... quelques grammes de chaux vive délayée dans un verre d'eau suffisent pour calmer toute irritation soit de brûlure par le feu, soit des piqûres d'abeilles.

nous avons nommé, dans le cours de ces leçons, calcaire pulvérulent. A l'état sableux, elle divise le terrain mécaniquement ; à l'état pulvérulent, elle absorbe l'eau, la retient et même la soutire de l'atmosphère.

Il nous reste donc à étudier les avantages et les inconvénients de sa présence dans le sol selon qu'elle s'y trouve en proportions convenables ou en excès.

Lorsque le calcaire est sableux, il fait mécaniquement sur l'argile l'office du sable, il la rend plus friable et, par les labours, ne tarde pas à se mêler avec elle d'une manière uniforme, mais il ne tarde pas aussi à devenir pulvérulent par l'absorption d'air humide, alors il facilite le dessèchement de l'argile et empêche que l'eau ne s'y loge en excès. Le carbonate de chaux donne au contraire de la consistance au sable, il augmente son adhésion avec l'eau et par le moyen de l'humus rend le sable plus liant. Nous savons que les matières organiques, par exemple les fumiers, emprisonnés dans l'argile et par conséquent préservés de l'action destructive de l'atmosphère, se décomposent lentement, le carbonate de chaux vient activer cette décomposition, il absorbe, corrige et neutralise les acides organiques qui se produisent si abondamment dans le sol, et empêche leur mauvais effet. Sur la graine des céréales, le carbonate de chaux fait sentir son action en donnant un produit recherché par le commerce,

car le grain est plus brillant, l'enveloppe plus mince et
par conséquent la proportion de farine plus grande.
Mais la chaux carbonatée se trouve-t-elle en excès, tous les avantages énumérés se changent en inconvénients graves. Le sol absorbe et retient l'eau
avec une trop grande force, il devient boueux et
nuit dans ces conditions à la végétation. Lorsqu'il
s'en dessaisit en séchant, il se forme une croûte à
sa surface qui ne permet pas à l'air et aux pluies
peu abondantes de le pénétrer. Le fumier, l'humus,
en un mot, toutes les matières organiques d'un tel
sol sont promptement consumés, et c'est à dessein
que nous nous servons du mot consumés, car la
combustion des engrais est trop active, alors la végétation profite trop surabondamment de la décomposition de ces engrais pendant leur croissance première, car la nourriture n'est plus réservée pour le
moment de leur existence qui en demande le plus,
celui de la germination et de la production complète
du fruit; aussi dans ces terrains, voit-on les plantes
décliner à la dernière période de leur végétation.

Dans la cinquième leçon, nous avons cherché à
faire comprendre la proportion la plus utile de la
chaux carbonatée comme partie matérielle des terrains.

Quoique ces proportions ne peuvent être déter-
minées avec exactitude, car l'analyse des terrains
reputés fertiles démontre des proportions tellement

variées de carbonate de chaux qu'il est bien difficile de spécifier d'une manière exacte la quantité nécessaire de cet agent qui doit être plus ou moins grande, selon l'état et la proportion d'humus contenu dans le sol. M. Puvis élève la porportion de la chaux carbonatée dans les terres argileuses à 10 0/0, mais il ajoute que 3 0/0 en moyenne doit suffire dans la couche arable; d'autres auteurs élèvent ces proportions de 10 à 30 0/0.

Lorsque nous mettons du fumier dans nos cultures, il faut qu'il devienne assimilable et le carbonate de chaux facilite ce travail d'assimilation. Pendant ce changement il se forme des produits acides et le carbonate de chaux est encore là pour les saturer; cette saturation est nécessaire par le motif que les matières acides sont toutes plus ou moins nuisibles à la vie des plantes. D'après cette étude, il devient évident que le cultivateur a tout avantage de connaître si son terrain renferme la quantité suffisante ou l'excès de chaux carbonatée, il devra donc s'en assurer du moins d'une manière approximative, comme nous l'avons dit en traitant de la chaux, en versant sur la terre d'essai prise à différentes places et à différentes profondeurs de l'acide chloridrique, qui produira une effervescence d'autant plus vive que le calcaire s'y trouvera en quantité plus ou moins considérable. Il ne nous reste plus maintenant, pour terminer cette étude, que de vous parler des sablons calcaires et des tangues dont la composition dominante est aussi du carbonate de chaux, car, si nous soumettions le sablon calcaire de Feins au feu d'un fourneau, le résultat de l'opération serait certainement de la chaux de belle et bonne qualité. En serait-il de même de la tangue dont la composition est plus compliquée et où tant de parcelles de roches diverses se trouvent englobées; mais où le carbonate de chaux domine, nous n'avons à cet égard aucune donnée qui puisse nous permettre de rien affirmer.

Sablons calcaires. — Dans la première leçon nous avons parlé des amas coquillers, dépôt des mers primordiales qui, plus tard, formèrent les terrains calcaires. Ces amas coquillers, nommés sablons calcaires, abondent dans l'Ille-et-Vilaine, et l'exploitation de M. Champion à Feins est bien connue des cultivateurs qui, dans un certain rayon en enlèvent journellement des quantités assez considérables. « Mais lorsque nous parcourons nos
» campagnes — dit M. Malaguti — et que nous
» voyons tant de terres argileuses qui auraient si
» grand besoin de cet amendement et qui, labourées
» avec peine à cause de leur cohésion, produisent
» de si médiocres récoltes, ne devrait-on pas se
» demander pourquoi on ne fait pas usage du re-
» mède qui est si près du mal. »

Sans énumérer ici les différents gisements de

sablons que nous possédons dans l'Ille-et-Vilaine, celui de Feins, distant du bourg d'environ 1 kilomètre, est un bassin ayant 12 à 1,500 mètres de largeur sur 2 kilomètres de longueur; l'épaisseur des couches calcaires s'y élève en quelques parties à plus de 16 mètres et l'excavation, faite par M. Champion, est une preuve de l'exactitude de ces assertions.

Le sablon calcaire convient aux terres fortes, argileuses, mais il faut se garder de le donner en fumure dans les terres légères; il produit un très-bon effet en couverture sur les prairies tant artifielles que naturelles, et contient de 65 à 70 0/0 de carbonate de chaux. Les phosphates y sont en très-faibles quantités, mais comme l'emploi du sablon dans les terres peut se faire sans danger en de très-fortes proportions de 100 à 600 hectolitres par hectare, on introduira encore dans le sol une assez forte quantité d'acide phosphorique. M. Champion, agriculteur distingué, directeur-propriétaire de l'exploitation de Feins, en conseille l'emploi de 20 à 30 mètres cubes à l'hectare, ce qui éleverait le prix de quarante à soixante francs, puisqu'il est vendu sur place deux francs le mètre cube. Pour nous, qui l'avons essayé dans notre exploitation, nous donnerions la préférence au sablon sur le tangue pour s'en servir de suite dans une culture, car extrait en quantités considérables au moyen de machines puissantes, le tas se trouve exposé à l'air pendant des années, c'est-à-dire tout le temps de la vente et est pour ainsi dire tout préparé pour sa prompte assimilation au profit des plantes. Sa présence se fait sentir par une vitalité extraordinaire et immédiate, principalement sur les légumineuses et les plantes fourragères. Mélangé avec les fumiers d'étables, il augmente leur valeur. Agit-il à la façon du calcaire à polypiers ? Nous le croyons à cause de sa grande porosité et du carbonate de chaux qu'il contient, carbonate qui doit aussi faire éprouver dans la masse une certaine activité de décomposition ; c'est ce que nous étudierons dans la huitième leçon..........

Le rendement du grain est plus considérable, et la paille acquiert une vigueur de résistance aux vents et à la pluie. Sa désagrégation à l'air est nécessaire pour le repandage qui ne doit s'appliquer qu'aux terres fortes et argileuses.

De la tangue. — La tangue ou vase de mer est composée de dépôts de débris de coquilles et de parcelles de roches roulées sur le littoral, à l'entrée des fleuves et des rivières, par les flots de la mer. Toutes les tangues n'ont pas la même analyse chimique, je citerai seulement celle de Moidrey, qui est une des plus estimées d'Ille-et-Vilaine. Elle contient dans un mètre cube 15 kilogr. 51 d'acide phosphorique, 3 kilogr. 82 d'acide sulfurique, 8 kilogr. 32 de chlore, 441 kilogr. 17 de carbonate de chaux, 2 kilogr. 14 de magnésie, 1 kilogr. 259

d'azote et 11 kilogr. 35 d'alcalis, potasse et soude.

D'après cette analyse, la tangue agit sur la végétation par sa forte proportion de carbonate de chaux et non par la quantité de sel marin qu'elle contient, car les 8 kil. 32 grammes de chlore que nous présente cette analyse sont si peu de choses dans une masse d'un mètre cube, que le dicton populaire est une véritable dérision de croire que plus la tangue est salée, plus elle est fertilisante. Aussi le cultivateur breton qui va chercher la tangue sur la grève, se donne bien garde de la mettre sur ses récoltes de suite après son arrivée à destination, car elle les brûlerait: il la met donc en tas, la mélange avec des curures de fossés, de la terre, des boues de route ou du plisson, et la laisse ainsi pendant quelques temps exposée à l'air et à la pluie. Mais, s'il la mélange avec ses fumiers, il se cause, peut-être (1), un préjudice à lui-même, car, nous venons de le voir, le carbonate de chaux active la décomposition des matières organiques et tous les gaz ammoniacaux et autres, qui se forment dans ces tas de fumiers en décomposition, se mêlent à l'atmosphère en pure perte pour la récolte que cet engrais a, plus tard, mission de faire végéter. Dans ces tas en préparation, le lavage des eaux pluviales enlèveront encore

(1) Nous disons peut-être, car l'agriculture nouvelle tendrait à faire penser tout le contraire, c'est ce que nous étudierons dans la 8e leçon.

à la tangue une forte quantité de chlore. Ce n'est donc pas le sel marin qui agit, mais bien le carbonate de chaux. Ce que nous avons dit du sablon calcaire peut s'appliquer à la tangue, de même que la marne et la chaux; il faut en user dans les terrains argileux qui ont besoin de calcaires et faire suivre son répandage d'une copieuse fumure. Prochainement, un chemin de fer nous amènera la tangue de la baie du Mont Saint-Michel ; usons-en, c'est un amendement utile, nous dirons même nécessaire, mais aussi tenons-nous en garde contre l'abus, et souvenons-nous de l'exemple que nous ont donné nos voisins du Maine par l'usage trop souvent répété de la chaux dans leurs terres qui, maintenant, sont presqu'entièrement épuisées. Pour qu'une bonne terre reste constamment fertile, il faut lui donner tous les agents fertilisants que réclament les plantes et non toujours un seul de ces agents, car les autres, étant enlevés du sol à chaque récolte, et n'étant point remplacés, finissent, dans un court délai, par s'épuiser.

Du marnage. — La marne est composée de chaux carbonatée, de sable siliceux et d'argile. Le marnage a pour but de changer la constitution du sol en y introduisant l'élément calcaire qui pourrait lui manquer ; et ce que nous venons de dire de la chaux carbonatée suffit pour faire comprendre son action en agriculture.

Pour terminer cette leçon, nous devons ajouter que l'agriculture nouvelle cherche un moyen pratique pour fixer l'azote de l'atmosphère, en faisant développer des nitrates dans les fumiers, par un mélange de couches successives de ces fumiers avec des calcaires, tels que les carbonates de chaux, les calcaires à polypiers, les sablons, les tangues et lers marnes ; en un mot, conseiller de faire tout le contraire de ce que nous avons dit en traitant de l'action des calcaires sur les fumiers en tas. Nous n'oserions rien affirmer, mais nous nous croirons obligé, lorsque nous parlerons de l'acide nitrique et des nitrières, de signaler la tendance vers laquelle marchent des hommes éminents par la science.

DÉVELOPPEMENT

DE LA

SEPTIÈME LEÇON

Appliqué à l'Agriculture.

---

153. — D. Qu'est-ce que la magnésie?

R. La magnésie est une substance blanche, ordinairement pulvérulente, qui accompagne presque toujours la chaux dans les végétaux ; les cendres de grains de froment en contiennent 16 % de leur poids. La magnésie est une base chimique, c'est aussi un contre-poison des acides.

154. — D. La chaux est-elle répandue dans la nature ?

R. La chaux se rencontre sous forme de carbonate dans le marbre, les tangues, les pierres calcaires, les sablons calcaires, etc... On l'obtient pure au moyen de

la cuisson des roches calcaires, ses propriétés sont diverses.

155. — D. L'industrie pourrait-elle fabriquer de la
chaux avec toutes espèces de vases de
mer que l'on trouve sur nos côtes bre-
tonnes et qui servent d'engrais à l'agriculture, en y apportant du carbonate de
chaux?

R. Toutes ne seraient certainement pas propres à la fabrication de la chaux, cependant près Pornic, un maître-maçon découvrit à quelques lieues en mer, près
l'île de Noirmoutiers, un calcaire dont la
cuisson donnait de belle et bonne chaux;
il en fit draguer à marée basse, fit un essai
dans son âtre, qui répondit à son attente
et, actuellement, son industrie a pris
une sérieuse extension.

156. — D. Se sert-on de la chaux en agriculture?
R. Dans les terrains argileux elle produit
un bon effet en divisant le sol trop com-
pact et donne des carbonates au sol qui
en manque.

157. — D. Qu'est-ce que le carbonate de chaux?
R. Le carbonate de chaux est produit par la
combinaison du carbone de l'air avec

la chaux. Cette farine blanche qui est à la surface d'une pierre de chaux est du carbonate de chaux qui, en se saturant d'acide carbonique, passe à l'état de bicarbonate, et c'est sous cette forme que les plantes se l'assimilent pour leur nourriture.

158. — D. La chaux n'a-t-elle pas d'autres propriétés?

R. Elle sert à bâtir, et combinée avec le sable, elle forme un silicate de chaux qui durcit à l'air. La chaux combinée avec un alcali sert à chauler les blés. Elle sert encore à faire le lessive.

159. — D. Quel est le mode d'action de la chaux dans la terre arable?

R. Les roches disséminées dans le sol renferment de la potasse, substances dont les plantes sont avides. Or, la potasse dans les roches n'étant pas soluble, elle en est en quelque sorte prisonnière : la chaux démolit la prison, elle donne la liberté à la potasse, l'eau pluviale la dissout et les plantes s'en nourrissent. Sur les débris végétaux, elle vaporise les matières utiles à la végétation, transforme ces débris en humus. Or, l'orsqu'une terre contient de l'humus et de la chaux, il se forme des nitrates qui sont un puissant engrais.

160. — D. La chaux épuise-t-elle le terrain par son emploi répété?

R. Certainement, puisqu'elle attaque son fond d'humus et de potasse et qu'il y a de toute nécessité de donner à un terrain chaulé une copieuse fumure en fumier d'étables, pour conserver à ce terrain une constante fertilité.

161. — D. Est-il rationnel de mélanger la chaux vive avec le fumier?

R. Nous ne le pensons pas malgré l'assertion de savants qui, dans la théorie du jour, prétendent qu'il se forme du salpêtre dans la masse, car nous avons vu maintes fois une combustion se développer avec flammes dans des fumiers traités ainsi. Tout ce que nous pourrions admettre, ce serait d'éteindre la chaux avec un tas de terre et, après sa transformation en carbonate de chaux, la mélanger aux fumiers, comme cette pratique se fait pour la tangue, sablons calcaires, etc... Sans trop de critiques contre cette méthode qui, nous le reconnaissons, dans

la huitième leçon, engendre la formation
du salpêtre et fixe l'azote de l'air, ne
voulant pas nous prononcer dans une
question si importante de savoir s'il y a
bénéfice au cultivateur de former des nitrates dans ses fumiers au détriment de
l'ammoniaque, nous constatons que si
d'un côté il a perdu de l'azote par la fuite
de l'ammoniaque, d'un autre côté, il a
peut-être gagné davantage en obtenant
du nitrate qui est un sel fixe, transpor-
table aux champs avec les fumiers, sans
crainte de volatilisation et de plus, étant
soluble dans l'eau, il donne immédiatement de l'azote aux cultures.

HUÍTIÈME LEÇON.

De l'acide nitrique. — Du calcaire à polypiers comme agent de nitrification. — De la formation de nitrières dans les fumiers. — De la formation de nitrières artificielles avec abris. — Opinions diverses. — Voie nouvelle où tend l'agriculture de notre époque. — De l'oxyde de potassium ou potasse. — De l'oxyde de sodium ou soude. — Mode d'action des engrais salins. — Des cendres et des laitiers des hauts-fourneaux. — De la suie. — Du charbon. — De la silice.— Développement de la huitième leçon, appliqué à l'agriculture.

Messieurs,

L'acide nitrique. — L'acide nitrique se nomme aussi, en chimie, *acide azotique;* dans le commerce, *eau forte*, et les sels qui en dérivent suivent cette confuse appellation de nitrates ou azotates; il est donc à regretter que nous ayons un corps élémentaire qui porte deux noms, *azote* et *nitrogène*, car cette abondance de synonymes produit plutôt la confusion qu'elle n'éclaire.

L'acide nitrique est composé en poids de :

Azote ou nitrogène.....   35,50.
Oxygène..............   100, ».

Comme nous le voyons, l'acide nitrique est un corps composé d'azote (ou nitrogène) et d'oxygène ; il ne peut exister sans eau, car ses éléments se désuniraient sans le concours de ce liquide. On ne le trouve dans la nature qu'à l'état de combinaison, c'est-à-dire de nitrates : les pluies d'orage en contiennent des traces sensibles. A l'état de simple solution dans l'eau, il ne peut être que nuisible à la végétation à cause de sa propriété corrosive, mais servant de base à d'autres combinaisons alcalines. Il est acquis à la science agricole nouvelle qu'il agit comme matière fertilisante et c'est sous ce point de vue que nous allons l'envisager.

Nous savons déjà, par nos études sur l'air atmosphérique, que l'azote ou nitrogène, tant que partie constituante de l'air, ne peut servir de nourriture aux plantes ; il faut pour cela qu'il soit passé à l'état de combinaison, sous forme de sels, pour agir sur la végétation. On trouve donc l'acide nitrique, pour former ces sels, combiné à la chaux, à la magnésie, à la potasse ou à l'ammoniaque dans les lieux imprégnés de matières animales en décomposition ; le sol des caves et des réduits humides, dans les habitations, en renferment de grandes quantités, on dit alors, de ces derniers, qu'ils sont salpêtrés.

L'influence des nitrates et leur utilité dans les terres est admise par tous les cultivateurs et nous devons signaler une formation puissante et continue de nitrate dans les calcaires à polypiers. Les cultivateurs pourront donc imiter ce qui se fait en Belgique partout où ces roches géologiques existent. Et quand bien même ils ne posséderaient pas des calcaires à polypiers, à tenter des essais de cette nature, afin de provoquer des réactions semblables sur les calcaires qu'ils ont sous la main, pourvu qu'ils soient poreux et friables et se rapprochent, par l'analyse, des calcaires à polypiers. Dans le cas qui nous occupe, les nitrates sont produits par la seule action de l'air atmosphérique sur ce calcaire spongieux dit à polypiers. Mais, citons le rapport de M. Leclerc, inspecteur de l'agriculture en Belgique, et rapporteur du jury à l'Exposition universelle de 1867, à Paris, et tirons-en des conséquences :

« L'azote qui joue un rôle considérable dans les
» phénomènes de la végétation et qui, de toutes les
» matières fertilisantes contenues dans les engrais
» artificiels, est celle que les cultivateurs payent
» le plus cher, existe en quantité inépuisable dans
» l'atmosphère qui entoure notre globe. Emprunter
» à l'air cet élément précieux pour le faire entrer,

» par des procédés économiques, dans des combi-
» naisons stables, est un problème qui intéresse au
» plus haut point l'agriculture, ainsi que plusieurs
» autres industries ; il est donc à désirer qu'un pro-
» cédé pratique propre à fixer l'azote de l'air sous
» forme d'acide nitrique ou d'ammoniaque, soit ac-
» quis à l'agriculture. M. Brotier, dans la ferme de
» *Britannia*, près d'Ostende, a indiqué un moyen qui,
» au point de vue agricole, paraît atteindre ce but
» de la manière la plus complète : il repose sur
» l'emploi du calcaire à polypiers.

» Le calcaire à polypiers est une roche éminem-
» ment poreuse, qui possède au plus haut degré la
» propriété de condenser l'azote de l'air et de la
» transformer en acide nitrique. Lorsqu'elle se
» trouve en présence de matières organiques en
» décomposition, elle appartient géologiquement à
» l'étage crétacé des terrains tertiaires. L'Europe
» n'en possède que trois gisements importants, et
» tous les trois se trouvent en Belgique, à Ciply, à
» Folx-les-Caves et près de Maestricht. L'analyse
» donne les résultats suivants : Carbonate de chaux,
» 96,00 ; carbonate de magnésie, 1,46 ; phosphate
» de chaux, 1,10 ; peroxyde de fer, alumine, silice,
» 1,44 ; soude, trace, 0,00.

» La manière d'employer cette substance est très-
» simple, il suffit de la pulvériser et d'en saupoudrer
» les couches successives qui entrent dans la for-

» mation d'un tas de fumier, puis d'entretenir cons-
» tamment, dans celui-ci, une légère humidité en
» l'arrosant de temps à autre, avec le purin ou les
» eaux grasses qui en découlent. En opérant de la
» sorte, on forme, aux dépens de l'atmosphère, une
» véritable nitrière artificielle dans laquelle ne tarde
» pas à se produire une notable quantité de nitrate
» de chaux qui contribue à enrichir l'engrais et à
» augmenter la durée de son action. Des expériences
» comparatives, faites avec soin et poursuivies pen-
» dant plusieurs années à la ferme *Britannia*, ont
» établi, en effet, que l'emploi du calcaire à poly-
» piers, dans les conditions que nous venons d'in-
» diquer, se traduit par une augmentation moyenne
» de 10 % dans les récoltes.

» Les essais ont donné de bons résultats dans
» toutes les expériences, mais ils ont prouvé que
» les nitrates s'obtiennent en moindre quantité et se
» forment plus lentement dans les fumiers non
» couverts, que dans ceux qui sont abrités contre
» la pluie. Les recherches de M. le professeur Dony
» ont permis, en outre, de constater que le calcaire
» à polypiers possède une puissance de nitrifica-
» tion beaucoup plus grande que celle des autres
» marnes, et que l'on peut augmenter l'énergie de
» son action par la manière d'opérer.

» Depuis ce rapport, dit M. Brotier, un nouveau
» progrès a été réalisé, on a ajouté à ce calcaire,

» se nitrifiant déjà naturellement, différentes ma-
» tières alcalines et salpêtrantes qui augmen-
» tent sensiblement la force de cet agent fertilisa-
» teur.

» La composition de ce mélange est de : et l'ana-
» lyse suit en chiffre calcaire à polypiers, poreux et
» friable, 80,51 ; silice, 9,81 ; phosphate de chaux
» soluble, 0,51 ; carbonate de soude, 1,14 ; nitrates
» alcalins, 1,20 ; sels potassiques solubres, 0,53 ;
» peroxide de fer et alumine, 0,63 ; carbonate de
» magnésie, 2,87; chlorure de sodium, 1,02; eau,
» pertes, 2,14.

» Ce mélange employé dans la proportion de 10 0/0
» du poids total du fumier sert à saupoudrer les
» engrais de ferme par couches superposées et l'on
» obtient une véritable nitrière. L'action du nitre
» ou salpêtre en agriculture est aujourd'hui un fait
» reconnu et constaté ; augmenter les engrais de
» ferme, les rendre meilleurs et de plus longue
» durée, tout en n'exigeant du cultivateur qu'une
» faible dépense, n'est-ce pas arriver à une des
» solutions les plus importantes de l'économie ru-
» rale ? »

La formation de nitrières, au dépend de nos
fumiers par une addition de chaux, est-elle un gain
ou une perte pour le cultivateur? Étudions la question et résumons l'opinion de MM. Jamet, Bobierre
et Malaguti.

Résumons d'abord les écrits de M. Jamet qui dit (1) que « pour développer des nitrates dans les fumiers, des auteurs ont conseillé de mélanger de la chaux dans les tas, et que certains cultivateurs persistent dans ce déplorable mélange. Tout d'abord, il paraît logique d'enlever de l'azote à l'air et les gaz ammoniacaux du fumier pour établir une nitrière, mais le salpêtre ne se forme pas aussi promptement dans un tas de fumier, ensuite il se forme une croûte carbonatée qui met complétement l'intérieur du fumier à l'abri des influences atmosphériques ; et, pour former des nitrates, il faudrait de longues et fréquentes manipulations, afin de mettre toutes les parties du mélange en contact avec l'ammoniaque de l'air, ensuite la chaux mélangée au fumier active sa décomposition, et par sa fermentation l'ammoniaque se trouve dégagé du tas et se mêle à l'air en pure perte. Alors pour quelques nitrates qui seraient formés dans le tas de fumier, on perdrait une très-forte quantité d'ammoniaque et on peut se demander où serait le bénéfice pour le cultivateur. » M. Bobierre, après avoir longtemps partagé l'opinion de M. Jamet, opinion qui nous paraît bien tranchante, aura sans doute médité sur les résultats énon-

____

(1) Voir la réfutation des écrits de M. Jamet, par MM. Dorlhac et Saminn, ingénieurs civils, intitulée : *Utilité et nécessité du chaulage des terres.* — Laval, imprimerie de Léon Moreau. 1871.

cés dans le rapport de M. Leclerc, car en introduisant dans les fumiers du calcaire à polypiers, pour y faire développer des nitrates, n'est-ce pas, d'après l'analyse que nous venons de donner, introduire du carbonate de chaux ? Et s'il a blâmé jadis cet emploi de la chaux dans les fumiers, voyons maintenant ce qu'il dit, page 102, dans son récent ouvrage sur les engrais commerciaux. Il se pose la question de savoir si les chimistes ont tort ou raison de blâmer le mélange de la chaux dans les fumiers :

« Il se pourrait fort bien qu'ils eussent tort, et
» voici pourquoi : Les inconvénients de la chaux
» sont compensé par des avantages et il semblerait
» que la balance n'est pas défavorable à la coutume
» ancienne. Grâce à la chaux, en effet, les débris
» végétaux de la terre sont transformés en humus ;
» le fumier subit, bien entendu, la même action,
» enfin, une masse de terre, fumier et chaux, que
» l'on recoupe et que l'on enfouit dans la terre, de—
» vient une véritable nitrière (1) ; or, si d'une part, on
» a perdu de l'azote, on en gagne d'un autre côté,
» car on fixe l'azote de l'air en faisant du salpêtre et,
» somme toute, il y a peut-être gain. Quant à moi,
» je serai moins tranchant désormais, lorsque je
» parlerai de cette question, et je crois que je ne
» démériterai pas à vos yeux pour la franchise avec

(1) On appelle ainsi les lieux où se produit le salpêtre.

» laquelle je vous en fais l'aveu ; je pousserai même
» la sincérité plus loin, et je vous dirai que tout
» savant — même illustre — arrivé à la cinquan-
» taine aurait un bon livre à faire ; il devrait avouer
» franchement les erreurs contenues dans ses pre-
» mières publications, expliquer le pourquoi et le
» comment des modifications de sa pensée, et les
» gens sérieux ne lui en sauraient pas mauvais gré. »

Voyons maintenant ce que dit M. Malaguti, car
l'application de la découverte des nitrates formés
dans le terreau, due à la chimie moderne, a été pré-
conisée dès 1849 par ce savant professeur. Il conseille bien de faire des nitrières artificielles avec le
terreau composé de détritus de mauvaises herbes,
tiges liqueuses, feuilles mortes, balayures diverses,
etc.... et d'arroser ce tas avec des eaux de lessive,
du purin, etc. — Il dit bien encore que les trous à
terreau sont de véritables nitrières et en conseille
l'usage dans les fermes, ainsi que des nitrières artificielles se composant exclusivement de terres et
abritées par des hangars, mais nous ne voyons nulle
part qu'il conseille le mélange des tas de fumier
avec les calcaires ; il laisse un doute à cet égard
dans une autre partie de ses écrits, en disant que
quelques cultivateurs qui agissent ainsi paraissent
bien se trouver de cette méthode, n'affirmant rien
d'une manière positive. Que conclure de tous ces
avis divers, c'est qu'actuellement les sels de nitre

sont admis et reconnus fertilisants ; que Davy, par
ses anciennes expériences sur les nitrates, a donné
l'éveil (1), a fait faire un grand pas à la science, mais
qu'il serait plus sage de les obtenir par des nitrières
artificielles comme nous les décrivons dans le questionnaire, de faire encore des essais comparatifs,
ou d'attendre, pour mélanger les fumiers avec les
calcaires, que la science se soit prononcée d'une
manière définitive (2). Ce que nous avons cherché en
traitant ainsi les nitrates, c'est d'indiquer la voie
nouvelle où tend l'agriculture de notre époque et
d'indiquer encore que le sablon calcaire de Feins,
les tangues que nous avons sous la main, présentent
par leur porosité et leur carbonate de chaux toutes
les qualités voulues pour remplacer avec avantage
le calcaire à polypiers dans le mélange des fumiers
d'étables.

De l'oxyde de potassium ou potasse. — Le potassium est un métal qui ne doit nous occuper ici qu'à
cause de son oxyde, qui joue un rôle considérable
en agriculture. L'oxygène combiné avec le potas-

---

(1) **Expérience de Davy.** — *Récolte d'un hectare.*

	Sans nitrate.	Avec nitrate.	Différence en faveur du nitrate.
Froment.	27 hect. 50	31 hect. 25	3 hect. 75.
Paille . .	2.465 kilog.	2.900 kilog.	435 kilog.

(2) D'après l'ouvrage, déjà cité, de MM. Dorlhac et Saminn,
aucun doute sur les avantages du mélange des fumiers avec les
calcaires ne devrait exister.

sium forme l'oxyde de potassium, plus connu sous le nom de potasse, sel de tartre, alcali végétal et d'autres noms encore qui n'apportent que la confusion.

L'oxyde de potassium ou potasse est composé en poids de :

Potassium............ 83, 05
Oxygène.............. 16, 95

La potasse est un alcali, mot isolé qui veut dire qu'un corps a la propriété de se dissoudre dans l'eau en lui communiquant une saveur urineuse, piquante, caustique ; de verdir les couleurs bleues végétales ; de neutraliser les acides en formant avec eux des sels ; de précipiter les oxydes métalliques des combinaisons salines où elles sont engagées, et, en dernier lieu, de décomposer les matières organiques avec lesquelles elles sont en contact. Les alcalis proprement dits ne sont qu'au nombre de trois : l'ammoniaque, la potasse et la soude. Aussi, la potasse possède-t-elle toutes ces propriétés et comme son action dissolvante sur les matières organiques mortes ou vivantes est très-developpée, on la met à profit pour dissoudre les matières grasses dont le linge de lessive est souvent imprégné ; avec les huiles, elle fait du savon mou. Dans la nature, on rencontre la potasse dans les roches feldspathiques et siliceuses qui ont formé, comme nous l'avons dit à la 4ᵉ leçon, une grande partie de nos terres arables. Dans ces conditions elle est unie à la silice qui ne l'abandonne que difficilement par l'action atmosphérique des gelées, des chaleurs et des pluies, causes mécaniques de la désagrégation des roches, comme nous le savons déjà et, par suite, de la mise en liberté de la potasse au profit des plantes. Elle se rencontre dans l'organisme de toutes les plantes en plus ou moins d'abondance, et toutes les terres, argiles, silices et calcaires, en contiennent des proportions plus ou moins considérables. L'industrie retire la potasse des cendres des végétaux qui sont lessivées, et la liqueur est évaporée au moyen du feu; on la retire encore du tartre que dépose le vin, c'est pour cela qu'elle a été nommée sel de tartre. Son influence sur la végétation est immense et les plantes la trouvent dans le sol, lentement préparée, il est vrai, mais sûrement pour leurs besoins. Un sol dépourvu de potasse serait infertile, mais le cultivateur peut toujours lui en fournir, en faisant un répandage de charrées ou de cendres, ou bien encore en se servant de fougères pour composer ses litières et ses fumiers, car la fougère est une plante riche en potasse.

En ajoutant de la chaux à la potasse avec addition d'eau, on rend ce mélange caustique, et l'effet produit sur les blés attaqués de la carie est plus actif; la dissolution de la matière noire, grasse et pulvérulente des blés cariés se produit de la même manière qu'en composant un savon ; ce mélange sert encore avec avantage dans le nettoiement des futailles destinées à contenir nos boissons.

Les sels dont la potasse est la base sont peu employés en agriculture. Cependant lorsque le cidre ou le vin deviennent acides au contact de l'air, on peut corriger cette acidité au moyen d'une addition de tartrate neutre de potasse, connu sous le nom de crème de tartre : nous l'avons essayé et nous donnerions la préférence à l'emploi de la craie.

De l'oxyde de sodium ou soude. — Le sodium est un métal qui, combiné avec l'oxygène, forme l'oxyde de sodium ou soude : cet oxyde se compose de :

Sodium.......... 74, 42.
Oxygène.......... 25, 58.

De même que la potasse, la soude se trouve unie à la silice dans les roches, mais en moins d'abondance. C'est du sel marin, chlorure de sodium, que le commerce la retire, on la trouve sous forme de carbonate de soude dans certains lacs ; dans d'autres, unie à l'acide borique, elle forme le borax, elle est en abondance dans les plantes marines.

Le carbonate de soude possède les mêmes propriétés alcalines que la potasse, seulement lorsqu'il est à l'état de cristallisation, il n'attire pas, comme le fait la potasse, l'humidité de l'air ; au contraire, il perd cette humidité et se couvre d'une poussière blanche. Il forme avec les corps gras un savon dur, tandis que la potasse ne forme que des savons mous. Son emploi dans les lessives du linge est le même, ainsi que pour le nettoiement des futailles et la préservation des grains de la carie. La soude ne s'emploie jamais comme amendement dans les terres, cependant le sel marin leur est souvent donné en couverture légère et avec modération, ou mélangé aux fumiers à la dose de 10 kilog. par mètre cube: nous allons de suite étudier son mode d'action dans le sol. On retrouve les sels à base de soude dans les organes des animaux et, par conséquent, on doit penser qu'ils sont utiles à leur existence. Les propriétés chimiques de la soude sont donc à peu près les mêmes que celles de la potasse, et son bas prix la fait souvent employer de préférence dans les usages dont nous venons de parler.

Mode d'action des engrais salins. — Le mode d'action des engrais salins n'est pas encore bien connu; probablement il est complexe. Quelquefois les sels ne semblent pas agir comme matière nutritive, puisque leur efficacité ne se manifeste que sur les récoltes des champs fertiles et engraissés, lesquels sont abondamment pourvus des mêmes éléments que les sels contiennent. S'ils activent la végétation, c'est donc en favorisant l'absorption des matières qui existent déjà dans le sol: on peut se

8*

rendre compte de cette influence, en remarquant que l'eau, chargée d'acide carbonique, est plus apte que l'eau pure à dissoudre d'autres sels, tels que les phosphates et les silicates dont les céréales en particulier ont absolument besoin.

Des cendres. — Les cendres et leurs bons effets sur les végétaux sont connus de tous les cultivateurs. La potasse et la soude constituent plus de moitié des cendres de bois, avec une forte proportion de phosphates et de silicates. La charrée ou cendre lessivée est encore un excellent engrais, surtout dans les terres argileuses; il s'applique avec avantage aux prairies naturelles et augmente considérablement les récoltes de celles non irriguées. Les cendres des forgerons des villes et celles provenant des machines des chemins de fer qui sont souvent un encombrement dans les gares, les laitiers des hauts fourneaux préalablement pulvérisés, tous doivent être recueillis avec soin surtout les *laitiers* qui renferment des silicates qui, étant décomposés par l'acide carbonique ou tout autre acide végétal, donnent de la silice soluble, et, par conséquent, assimilable. La *suie*, aussi, est un bon engrais, riche en azote et en sels utiles à la végétation.

Le charbon est aussi connu que les cendres. Ce n'est pas un engrais, mais il rend de grands services par la propriété qu'il possède à un haut degré, d'absorber les gaz infectants et fertilisants, pour ne les rendre ensuite que lentement aux plantes.

De la silice. — La silice est l'oxyde du silicium, c'est elle qui forme les sables qui se rencontrent si abondamment dans presque tous les sols; elle est la base des pierres et des cailloux, on la rencontre dans les terres argileuses à l'état moléculaire hydraté (c'est-à-dire en combinaison avec l'eau); alors en ce cas elle est gélatineuse, pouvant être dissoute par les acides et par conséquent être conduite par l'eau dans l'organisme des plantes. Lorsqu'elle est privée d'eau, c'est-à-dire anhydre, elle forme les roches de quartz, de grès, les cailloux, les sables et le cristal de roche. En ce cas, c'est un des corps les plus durs de la nature; elle raie le verre et fait feu au choc de l'acier; elle forme le verre en se fondant à une haute température, mais il lui faut le contact de la potasse et de la soude. L'influence de la silice sous forme de sable est en agriculture de diviser le sol, de le rendre perméable, comme nous l'avons dit dans la 5e leçon; mais sous forme de gelée, c'est-à-dire hydratée, elle semble avoir la propriété de devenir assimilable au contact de l'acide carbonique du sol et d'être dissoute par lui pour pouvoir entrer avec l'eau dans tous les tissus des plantes auxquelles elle donne de la rigidité. Par exemple, citons l'expérience de M. de Saussure qui a constaté que la silice s'accumule dans la tige des céréales, à mesure que l'épi se développe et approche de la maturité, c'est-à-dire à mesure qu'elles doivent supporter un poids plus considérable. Donnons pour exemple les tiges de froment, dont les cendres ne contiennent, un mois avant la floraison, que 12 % de silice. A l'époque de la floraison, cette quantité a atteint 26 %; enfin, au moment de la récolte, elle est arrivée jusqu'à 61 %.

En résumé, nous voyons que la silice sableuse ne peut servir qu'à diviser le terrain; qu'elle est impropre à entrer dans la circulation végétale par le motif qu'elle est insoluble dans l'eau et que c'est par l'eau seulement qu'elle peut y être entraînée ; que celle au contraire qui existe dans l'argile à l'état de combinaison et que nous désignons sous les noms de silice hydratée, silice gélatineuse, peut se dissoudre dans l'eau à l'aide de l'acide carbonique contenu dans le sol, et qu'alors, elle peut être conduite et répandue dans toute l'économie des plantes pour former leur charpente rigide et l'enveloppe ou l'écorce minérale du grain de blé et du sarrasin, car l'on peut considérer cette matière minérale comme servant d'abord de nourriture aux végétaux, ensuite donnant de la solidité à leur squelette. De même que nous l'avons vu, le phosphate de chaux vient former la charpente osseuse des animaux vertébrés.

DÉVELOPPEMENT

DE LA

HUITIEME LEÇON

Appliqué à l'Agriculture.

---

162. — D. Ne se forme-t-il pas des nitrates dans les
fumiers ?

R. Les nitrates se forment par la fermentation des matières azotées et sont immédiatement assimilables pour les plantes.

163. — D. Le cultivateur, en soignant ses fumiers,
aide-t-il à la production du nitre ou salpêtre ?

R. En donnant l'humidité nécessaire aux fumiers, il aide à la nitrification, car les nitrates ne se transformant pas en vapeur,
comme l'ammoniaque, sont d'un effet certain pour procurer l'azote aux plantes
Ces sels mélangés au fumier resteront à
la surface du champ jusqu'à ce que l'eau

de pluie les fasse pénétrer dans le sol après les avoir dissous. Il n'en serait pas de même de l'ammoniaque qui étant volatil se mêlerait à l'atmosphère.

164. — D. Si l'on voulait former artificiellement du nitre, quels seraient les moyens à employer?

R. Sous un hangar ouvert des quatre côtés et qui cependant pourrait, à l'aide de paillassons relevés ou abaissés à volonté, donner un courant d'air, on placerait: 1° Une couche de terre, puis une couche de fagots et ainsi de suite pour avoir une élévation permise par la hauteur du hangar, on laisserait couler à petite dose, par le moyen de tubes que l'on placerait entre chaque couche de fagots, de l'eau de lessive faite avec des cendres, des urines, de l'eau de chaux légère, des matières fécales étendues d'eau; tout le tas deviendrait humide par cet arrosage. On pourrait suivant la direction du vent, pour donner des courants d'air, relever ou abaisser les paillassons: ce courant d'air traverserait alors la masse de terre et de fagots, alors l'azote de l'air combiné avec les alcalis de l'urine, de la lessive, etc... formerait rapidement du nitre ou salpêtre, et ce tas qui précédemment n'avait aucune puissance fertilisante deviendrait promptement un engrais énergique. Lors du premier empire, ce fut ce moyen employé pour se procurer du salpêtre, pour fabriquer la poudre, puisqu'on ne pouvait plus le recevoir de l'étranger. On lavait cette terre, et l'eau provenant du lavage était évaporée au moyen du feu, alors le résidu était du salpêtre obtenu par la combinaison de l'azote de l'air avec les alcalis des lessives, etc.

Il faut beaucoup de soin pour cette opération, car si les courants d'air sont nécessaires, il ne faut pas non plus provoquer la dessiccation du tas et par conséquent l'évaporation ; il faut toujours une humidité constante ; alors au moyen des paillassons relevés ou abaissés, on obtient ce résultat. Pour bien conduire cette opération, il faut être presque chimiste ou tout au moins fort intelligent et bon observateur.

165. — D. Qu'est-ce que les cendres ?

R. Les cendres sont le produit de la combustion d'un corps organique quelconque. Après la combustion des gaz, les sels minéraux contenus dans ce corps, restent seuls à l'état de cendre.

166. — D. Qu'est-ce que la potasse?

R. C'est la base alcaline des cendres de bois, du salpêtre. Tous les végétaux contiennent de la potasse aussi, on la retrouve dans les cendres de toutes les plantes agricoles. On l'obtient en lessivant les cendres, faisant évaporer l'eau et recueillant ensuite. Les engrais de potasse, tels que les cendres, la charrée, qui sont excellents pour les terres de toutes qualités.

167. — D. Qu'est-ce que la silice?

R. La silice est le sable qui constitue certains sols. C'est pour cela qu'on dit d'un terrain composé de sable qu'il est siliceux; mais, sous cette forme, elle n'est point assimilable pour les plantes, elle est solide, insoluble dans l'eau. La silice assimilable que l'on peut donner en fumure au sol est généralement fournie par la paille des céréales, elle se trouve également dans le sol à l'état de gelée, principalement dans les terres argileuses. Les roches en fournissent, désagrégées par l'action atmosphérique.

168. — D. Qu'appelle-t-on chauler les blés?

R. L'opération du chaulage consiste à laver les blés avant de les semer, pour détruire les maladies qui l'infestent. La chaux dissoute dans l'eau et en y mélangeant un alcali tel que potasse, soude, chlorure de sodium (ou sel de cuisine), devient plus active avec ce mélange et plus efficace contre la maladie.

169. — D. Quelles sont donc les maladies des blés?

R. 1° La carie ; 2° le charbon ; 3° l'ergot ; 4° la rouille. La carie (*uredo caries*) provient d'un champignon qui, étant mort, se réduit en poussière et infeste tous les blés qu'elle touche. La chaux, rendue plus alcaline par la potasse ou la soude, détruit cette poussière grasse et la dissout en en faisant un savon.

170. — D. Comment reconnaît-on la carie?

R. Par une poussière noire qui est grasse au toucher, qui ne peut se dissoudre que dans les alcalis, et qui attaque le grain de blé dans son intérieur : c'est un poison pour l'homme et pour les animaux.

171. — D. Le charbon (*uredo carbo*) ne ressemble-t-il pas à la carie?

R. Il y a beaucoup de ressemblance entre

ces deux maladies, mais le charbon n'attaque les épis qu'à l'extérieur. C'est aussi comme la carie un poison provenant de poussière de champignon. Le chaulage peut avoir un très-bon effet préservatif, cependant comme la maladie du charbon est extérieure, elle est moins à craindre que la carie.

172. — D. Qu'est-ce que l'ergot?

R. L'ergot est aussi une maladie des blés, il est ainsi nommé, parce qu'il s'implante dans le grain des seigles comme un ergot de poule, sa substance dure et de couleur brune est très-vénéneuse ; on en retire un poison qui est connu sous le nom d'ergotine : c'est un toxique très-énergique et qui sert en médecine à des doses très-minimes. Cette substance, lorsqu'elle est mêlée dans une certaine quantité de farine avec laquelle on fait le pain, cause une maladie particulière, la gangrène sèche des pieds et des mains. Aussi, dans les contrées où le seigle constituait autrefois une part notable de la nourriture des habitants, il n'était que trop fréquent de voir quelques-uns de ces pauvres gens auxquels il manquait des

doigts qui s'étaient détachés des extré-
mités sans plaies apparentes.

173. — D. Qu'est-ce que la rouille?

R. La rouille est une poussière de couleur
d'ocre qui prend naissance sur l'épiderme, amincit la peau, la crève et se
répand au dehors. Les brouillards, suivis
d'un soleil ardent, sont la cause de cette
maladie. Ces inconvénients tiennent à
l'inconstance des saisons, et le seul préservatif qu'on peut y apporter consiste à
secouer les plantes au moyen d'une
ficelle tendue que deux hommes séparés
par le champ, promènent sur sa superfi-
cie. Cette opération suffit, au moins en
partie, pour détruire les germes de cette
maladie.

174. — D. Nous avons vu, à la question 66, que
les plantes renferment du charbon, de
l'hydrogène, de l'oxygène et de l'azote;
pourriez-vous dire approximativement
quelles sont les quantités de ces éléments
que les plantes renferment?

R. Une plante sèche contient environ la
moitié de son poids de charbon, les deux
cinquièmes de son poids d'oxygène, un
peu plus du vingtième d'hydrogène et,

en général, la proportion d'azote est plus faible que celle des autres éléments, mais toutes les plantes en renferment.

175. — D. Toutes les parties d'un végétal sont-elles également riches en azote ?

R. Non, car l'analyse trouve davantage d'azote dans les graines que dans les tiges et les racines. La nature, pour la reproduction, a concentré tout l'azote dans la graine lors de sa formation, et a forcé la tige et les racines, qui doivent mourir, de céder, en grande partie, son azote à la graine qui s'en servira plus tard pour sa nourriture, lors de la germination.

176. — D. Lorsqu'on brûle une plante, quels sont les éléments qui disparaissent et quels sont ceux qui restent ?

R. Le carbone, l'hydrogène, l'oxygène et l'azote disparaissent dans l'atmosphère sous diverses formes, mais il reste toujours un résidu que l'on appelle cendres.

177. — D. Toutes les parties d'un végétal en combustion fournissent-elles la même quantité de cendres ?

R. Non, les graines en renferment moins

que la paille ou toute autre tige ligneuse, et cela s'explique par la question précédente, puisque nous savons que la graine contient davantage d'azote que les autres parties et que l'azote, par la combustion, se mêle à l'atmosphère sous forme de gaz.

178. — D. Comment appelle-t-on les corps qui composent les cendres d'une plante et quels sont-ils?

R. On appelle les corps qui composent les cendres, les matières minérales de la plante et, en chimie, on les nomme silice, acide sulfurique, acide phosphorique, chlore, potasse, soude, chaux, magnésie, alumine, oxyde de fer.

179. — D. Qu'est-ce que le chlore?

R. C'est l'élément du sel de cuisine, que l'on nomme en chimie chlorure de sodium. Le chlore est un désinfectant et un décolorant: ainsi une tache de vin sur le linge se trouvera décolorée par l'addition de chlore.

180. — D. Qu'est-ce que la soude?

R. C'est un alcali formé de sodium et d'oxygène. La soude sert non-seulement en agriculture, mais encore à former, avec la combinaison des corps gras, les savons ordinaires. On la retire des cendres de plantes marines.

181. — D. Nous avons vu les minéraux qui constituent une plante en faisant l'analyse de ses cendres. Est-il donc nécessaire que le sol contienne tous ces minéraux (énoncés n° 178) pour pouvoir végéter?

R. Oui, le développement normal d'une plante ne peut s'accomplir qu'autant qu'elle trouve, soit dans le sol, soit dans l'air, ces divers éléments tant organiques que minéraux, et encore faut-il qu'ils soient sous une forme telle qu'elle puisse se les assimiler.

182. — D. La pratique agricole a-t-elle à s'occuper de fournir aux plantes : charbon, acide carbonique et oxygène ?

R. Non, car l'atmosphère fournit charbon, oxygène et acide carbonique, et le n° 11 nous rassure sur la quantité existante. Un calcul a été fait, qui démontre que rien que les machines à vapeur du globe rejettent dans l'atmosphère 16 millions de tonnes d'acide carbonique et de carbonne; les produits des feux de cheminées, les produits provenant de la respiration des animaux doivent encore être plus considérables. Il n'y a donc pas lieu de se préoccuper de l'acide carbonique pour la respiration des plantes.

183. — D. L'azote, tant que gaz de l'atmosphère, peut-il servir de nourriture aux plantes?

R. Non, à l'état de gaz, il est nul pour la nutrition, il faut qu'il soit présenté aux plantes sous une forme particulière, c'est-à-dire en combinaison nitrique ou ammoniacale.

184. — D. Sans azote assimilable tel que nous l'avons montré en combinaison au n° précédent, une terre pourvue de tous les autres éléments de production, pourrait-elle nourrir une plante?

R. Non, car une fois que l'azote assimilable que contenait la graine aurait produit son effet pour opérer la germination, la plante n'en trouvant plus dans le sol et, comme nous l'avons vu, ne pouvant s'assimiler l'azote de l'atmosphère, ne pourrait se développer.

185. — D. Nous avons vu au n° 183 que pour que l'azote soit assimilable, il faut qu'il soit

en combinaison avec l'acide nitrique ou l'ammoniaque, que résulte-il de cette combinaison ?

R. Il résulte des nitrates avec l'acide nitrique et avec l'ammoniaque, des nitrates d'ammoniaque qui sont employés en agriculture.

186. — D. Que veut-on exprimer en chimie en disant le mot carbone ?

R. Le carbone est du charbon pur et l'on dit que le diamant est du carbone, parce que soumis à une haute chaleur, il brûle et ne laisse après lui aucune trace, tandis que le charbon ordinaire brûle en laissant un résidu, des cendres.

TABLE DES MATIÈRES

en combinaison avec l'acide nitriq
ou l'ammoniaque, que résulte-il de ce
combinaison ?

R. Il résulte des nitrates avec l'acide nit
tique et avec l'ammoniaque, des nitra
d'ammoniaque qui sont employés en ag
culture.

186. — D. Que veut-on exprimer en chimie en
sant le mot carbone ?

R. Le carbone est du charbon pur et l
dit que le diamant est du carbone, p
ce que soumis à une haute chaleur,
brûle et ne laisse après lui aucune tra
tandis que le charbon ordinaire brûle
laissant un résidu, des cendres.

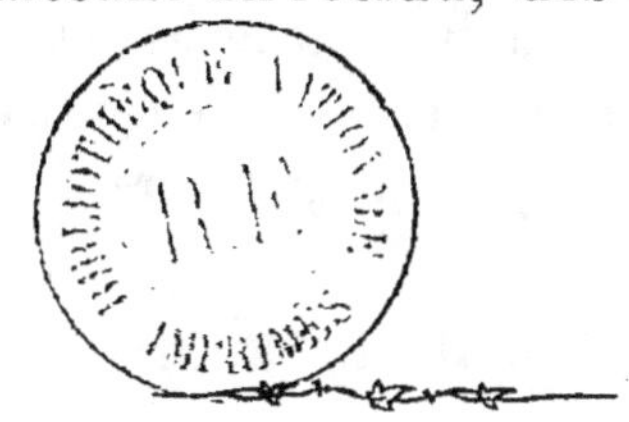

TABLE DES MATIÈRES

HUITIÈME LEÇON.

FIN.

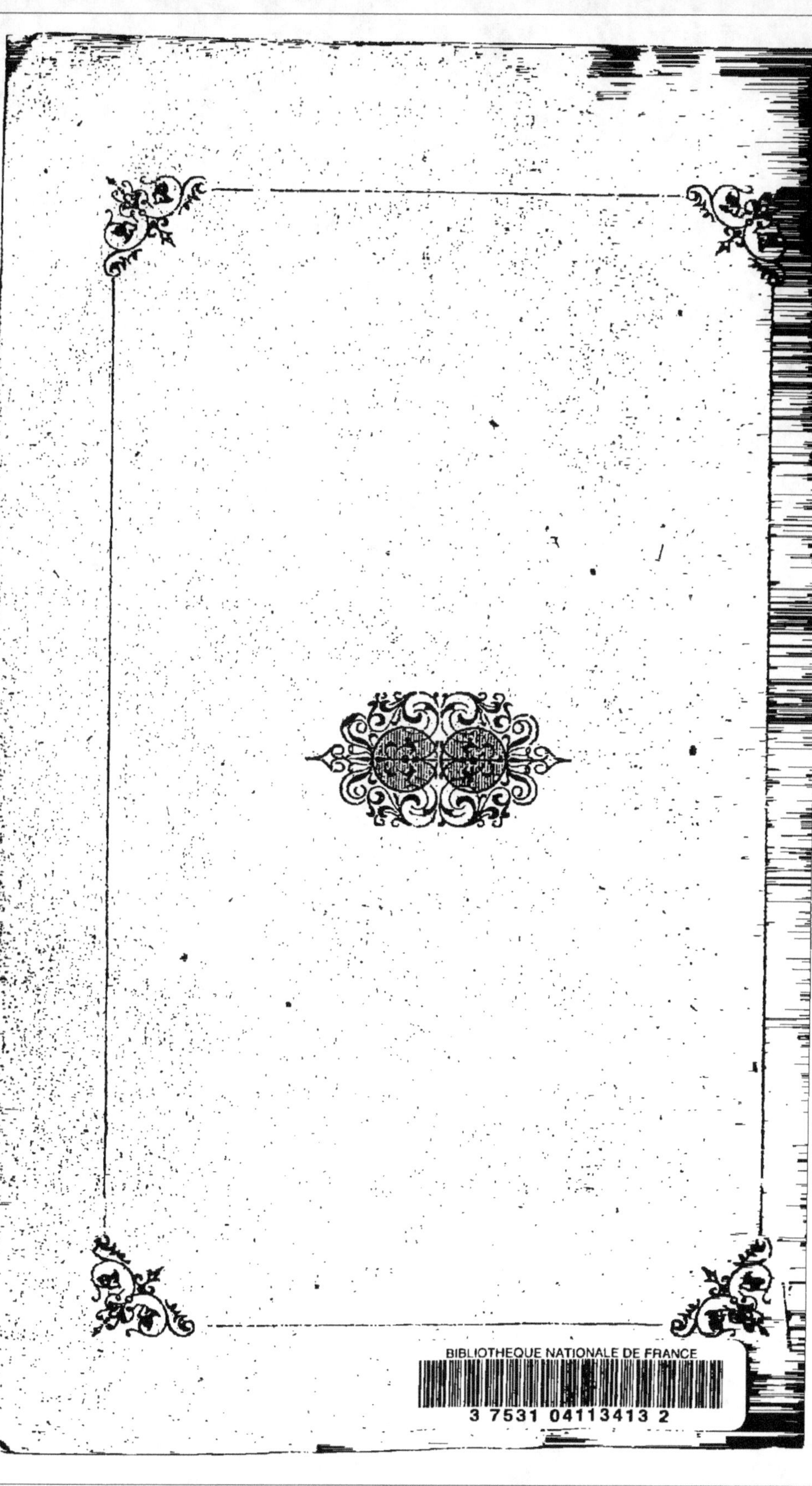

www.ingramcontent.com/pod-product-compliance
Lightning Source LLC
Chambersburg PA
CBHW061342060726
47597CB00003B/681